美丽中国视阈下
生态保护修复监管

全占军 等◎著

中国环境出版集团·北京

图书在版编目（CIP）数据

美丽中国视阈下生态保护修复监管 / 全占军等著.
北京：中国环境出版集团，2025.5.-- ISBN 978-7
-5111-6236-6

Ⅰ. X171.4；X322

中国国家版本馆 CIP 数据核字第2025UC7690号

责任编辑　田　怡
装帧设计　庄　琦

出版发行　中国环境出版集团
　　　　　（100062　北京市东城区广渠门内大街 16 号）
　　　　　网　　址：http://www.cesp.com.cn.
　　　　　电子邮箱：bjgl@cesp.com.cn.
　　　　　联系电话：010-67112765（编辑管理部）
　　　　　　　　　　010-67175507（第六分社）
　　　　　发行热线：010-67125803，010-67113405（传真）
印　　刷　北京鑫益晖印刷有限公司
经　　销　各地新华书店
版　　次　2025 年 5 月第 1 版
印　　次　2025 年 5 月第 1 次印刷
开　　本　787×1092　1/16
印　　张　11
字　　数　150千字
定　　价　60.00元

序

　　建设美丽中国是全面建设社会主义现代化国家的重要目标，是实现中华民族伟大复兴中国梦的重要内容。当前，我国经济社会发展已进入加快绿色化、低碳化的高质量发展阶段，生态环境的基础支撑作用越发凸显。然而，我国资源压力较大、环境容量有限、生态系统脆弱的国情没有改变，生态环境保护结构性、根源性、趋势性压力尚未根本缓解，生态破坏问题屡禁不止的态势尚未解决，部分地区生态系统退化趋势尚未根本扭转。强化对自然生态系统及对其造成影响的人类社会经济活动的统一监管，综合运用法律法规、行政、经济、技术等多元化手段，提升生态系统多样性、稳定性、持续性，保障优质生态产品供给，是推进美丽中国建设的关键举措。

　　我国不断完善生态保护修复监管顶层设计。2018 年，国务院组建了生态环境部，统一行使生态和城乡各类污染排放监管与行政执法职责，打通"地上和地下、岸上和水里、陆地和海洋、城市和农村、一氧化碳和二氧化碳"，污染防治和生态保护相贯通，生态环境管理体制改革取得里程碑式重大突破。但与此同时，我国生态保护修复监管的法律法规和标准规范尚不健全，生态监测网络体系尚不完善，生态保护修复监管手段相对单一，生态保护修复监管能力依然薄弱，特别是我们对生态保护修复监管的认识还需进一步提高，亟须深化生态保护修复监管理论研究与实践总结，促进管理与技术创新，汇聚全社会力量持续提升生态保护修复监管能力。

　　本书以生态保护修复监管的相关理论为基石，融合生态学、生态经济学、社会生态学、公共管理学等多学科知识，对生态保护修复监管的定义、内涵和外延等进行了深入解析，并首次系统、完整地搭建了生态保护修复监管的理论框架，为读者呈现出一幅清晰、严谨的知识"图谱"。通过梳理我国生态保护修复监管发展历程、制度体系、体制机制、实施手段及监管成效，系统总结了我国生态保护修复监管的创新实践，提炼出我国生态保护修复监管的核心逻辑，为相关从业者开展具体工作提供了参考。本书以前瞻性视野，在厘清新时代生态保护修复监管所面临的问题挑战的基础上，提出体制、制度、技术等创新策略，对提升我国生态保护修复监管能力极具启发性。

相信每一位阅读此书的读者，都将获益颇丰。

傅伯杰

2025 年 6 月

前　言

地球已进入"人类世"。土地、气候、生物完整性等决定世界基本属性的要素都在经历前所未有的变化。这些变化的广泛性和深刻性给社会所依赖的生态系统服务带来了严峻的挑战。我国提出建设美丽中国，建设人与自然和谐共生的现代化，就是希望在处理人与自然的关系中，探索"降碳、减污、扩绿、增长"的发展新路径。2023年7月，全国生态环境保护大会提出，要着力提升生态系统多样性、稳定性和持续性，加大生态系统保护力度，强化生态保护修复监管制度建设。2023年12月，中共中央、国务院发布《关于全面推进美丽中国建设的意见》，提出加强生态保护修复监管制度建设、强化统一监管。2024年7月，党的二十届三中全会通过了《中共中央关于进一步全面深化改革　推进中国式现代化的决定》，并提出要推进生态环境治理责任体系、监管体系、市场体系、法律法规政策体系建设。这对新时代健全生态保护修复监管体系提出了明确的要求。

社会—生态系统的复杂性和综合性决定了生态保护修复监管有其特殊性，立法、政策、标准、规划、监督、执法等手段不能从包括环境污染监管在内的其他领域简单挪用。学术界针对人与自然关系演化开展了大量研究，关于人地关系的调控也是当前的研究热点，但是针对生态保护修复监管的理论与方法研究涉猎不多，对生态保护修复监管的理论与实践有待深入研究，生态保护修复监管的话语体系尚未统一，监管碎片化问题依然突出。为此，迫切需要对生态保护修复监管开展整体性、系统性的研究，以更好地指导政府生态保护修复监管实践，从而不断提升监管科学化、精细化水平。

本书旨在为生态保护修复监管提供一个新框架，内容共分为三篇。第一篇为理论框架篇，共有三章内容，详细论述了生态保护修复监管的意义、概念界定与内涵，构建了生态保护修复监管的理论框架。第二篇为实践范式篇，共有六章内容，分别从中国生态保护修复监管发展历程、监管成效、监管职责划分、法律制度体系、监管手段等方面，全面总结梳理中国生态保护修复监管实践经验与启示，并提出当前存在的问题与挑战。第三篇为未来行动篇，共有五章内容，环境与生态等交叉学科的发展以及信息技术革命，为深化生态保护修复监管的认识、丰富监管手段带来了机遇，着重阐明了未来中国特色生态保护修复监管的科学引领、战略导向、体制创新、制度创新及技术创新方向。

本书的编写团队成员包括全占军、雷硕、韩涛涛、朱二雄、邱冬冬、王金洲。全占军负责全书的撰写与统筹工作。雷硕负责汇稿与沟通联络工作。团队全体成员均参与了资料收集、理论研讨、章节撰写及文字校对工作。正是大家的通力协作，才使得本书得以顺利完成，在此致以诚挚感谢。

本书不仅是学术探索，也是对生态保护修复监管的前瞻性思考。尽管书中仍有诸多不尽如人意之处，但我们仍然希望本书能够起到抛砖引玉的作用，激发更多关于生态保护修复监管领域的研究和探讨，凝聚业界共识，为强化生态保护修复统一监管、健全美丽中国建设保障体系提供更优方案。

全占军

2025 年 6 月 25 日

目　录

第一篇　理论框架

第一章　生态保护修复监管的意义　　2
1.1　强化生态保护修复监管是提升人类福祉的需要　　2
1.2　强化生态保护修复监管是促进人与自然和谐共生的需要　　9
1.3　强化生态保护修复监管是完善生态环境治理体系的需要　　12

第二章　生态保护修复监管的定义与内涵　　16
2.1　生态保护修复监管的定义　　16
2.2　生态保护修复监管的内涵与外延　　17
2.3　生态保护修复监管与其他概念的联系与区别　　20

第三章　生态保护修复监管理论框架　　23
3.1　生态保护修复监管的理论基础　　23
3.2　生态保护修复监管的理论框架　　27

第二篇　实践范式

第四章　中国生态保护修复监管发展历程　　38
4.1　中国生态保护修复监管发展总体脉络　　38
4.2　中国生态保护修复监管相关法律法规发展脉络　　46
4.3　中国生态保护修复监管机构发展历程　　49

第五章　新时期中国生态保护修复监管成效　　52

5.1　中国生态系统保护修复成效　　52

5.2　重要生态空间保护成效　　53

5.3　重大生态保护修复工程治理成效　　57

5.4　典型案例　　59

第六章　中国生态保护修复监管职责划分　　61

6.1　加强党对生态文明建设的全面领导　　61

6.2　持续推进生态环境保护大部制改革　　62

6.3　央地各级政府部门权责分配关系　　67

6.4　典型案例　　68

第七章　中国生态保护修复监管制度体系　　71

7.1　法律法规体系　　71

7.2　主要制度　　73

7.3　标准体系　　80

7.4　典型案例　　84

第八章　中国生态保护修复监管手段　　86

8.1　法律手段　　86

8.2　行政手段　　88

8.3　市场手段　　93

8.4　多元主体监督手段　　97

8.5　典型案例　　100

第九章　中国生态保护修复监管存在的问题与挑战　**103**

9.1　生态保护修复监管话语体系有待统一　103

9.2　生态保护修复监管合力有待加强　105

9.3　生态保护修复监管制度有待健全　107

9.4　生态保护修复监管的科技支撑不足　108

第三篇　未来行动

第十章　科学引领：强化生态学与多学科交叉研究　**112**

10.1　强化生态学与环境科学交叉研究　112

10.2　强化生态学与资源科学交叉研究　119

10.3　强化生态学与经济学交叉研究　121

第十一章　战略导向：凝聚生态保护修复监管的理念共识　**125**

11.1　重视适应性监管思维的应用　125

11.2　加强生态系统服务的协同与权衡管理　128

11.3　强化对生态破坏问题的源头性监管　131

11.4　调动全社会各方面积极因素　134

第十二章　体制创新：加强生态保护修复统一监管　**136**

12.1　加强生态保护修复统一监管　136

12.2　生态保护修复统一监管的总体策略　138

12.3　生态保护修复统一监管的重点方向　141

第十三章　制度创新：为生态保护修复打开更多"绿灯"　147

13.1　健全生态保护修复监管法律法规体系　147

13.2　健全生态保护修复监管标准规范体系　148

13.3　完善生态保护修复规划体系　148

13.4　推动激励性政策的完善与实施　149

13.5　优化行政监管策略　152

13.6　推动生态保护修复的社会多元共治　153

第十四章　技术创新：提高生态保护修复监管数智化水平　154

14.1　技术创新推动生态保护修复监管变革　154

14.2　生态保护修复监管中的数智化　156

14.3　生态保护修复监管的数智化进程　161

14.4　生态保护修复数智化监管平台构想　164

第一篇

理论框架

第一章　生态保护修复监管的意义

良好的生态环境是最普惠的民生福祉，是人民群众对美丽中国建设最直观、最基础的诉求。强化生态保护修复监管，遏制生态破坏，保护生物多样性，协调自然资源—生态系统—社会经济的耦合关系，提升生态系统服务功能，可为人类带来更多的福祉惠益。

1.1　强化生态保护修复监管是提升人类福祉的需要

生态系统提供了重要的供给、调节、文化和支持服务，增进了人类福祉。受人类活动的干扰和气候变化等影响，生态系统正面临着服务功能退化的风险，引发生物多样性丧失、水土流失加剧、气候调节能力减弱等问题。这些问题不仅威胁到自然生态系统平衡，也严重影响着人类的生存和发展。强化生态保护修复监管有利于防范不合理开发利用活动造成的生态破坏，维持生态系统的多样性、稳定性和持续性，恢复和增强生态系统的服务功能，从而促进人类福祉。

1.1.1　生态系统服务的提出与发展历程

生态系统服务这一概念最早可追溯至 20 世纪 60 年代，Helliwell[1] 率先提出"野

---

[1]HELLIWELL D R.Valuation of wildlife resources[J]. Regional Studies, 1969, 3(1): 41-47.

生生物服务"的概念，他认为，大自然为人类提供了维持生存和发展所需的自然条件和物质。20 世纪 70 年代初，关键环境问题研究小组在其出版的 *Man's Impact on the Global Environment*[1] 一书中将这一概念发展成了"环境服务"，并列出了自然系统提供的多种"环境服务"，如害虫控制、昆虫传粉、气候调节等。1974 年，Holdren 和 Ehrlich[2] 将"环境服务"概念扩展为"全球环境服务"，并探讨了生物多样性丧失对环境服务的影响。在此基础上，Ehrlich 等[3] 于 1981 年正式提出"生态系统服务"这一术语，并迅速在科学研究中得到应用。Daily 在 1997 年的著作 *Nature's Service: Societal Dependence on Natural Ecosystem* 中系统地定义了生态系统服务，强调自然生态系统及其物种所提供的满足和维持人类生活需要的条件和过程[4]。同年，Costanza 等在 *Nature* 杂志上发表了关于全球生态系统服务价值的文章。这些工作不仅推动了 *Ecosystem Service* 期刊的创立，还引发了学术界对生态系统服务定义、分类、估值、综合建模、制度和政策等方面的深入探讨。

2001 年，联合国启动了千年生态系统评估计划（MA），并于 2005 年发布了评估报告。千年生态系统评估将生态系统服务定义为"人们从生态系统中获得的惠益"，并提出了四大类服务——供给服务、支持服务、调节服务和文化服务[5]。千年生态系统评估报告的发布使生态系统服务获得了政策认可，同时标志着生态系统服务不再仅仅是学术研究，还逐渐被全球决策者关注，并纳入生态环境保护的管理范畴。

2012 年，生物多样性和生态系统服务政府间科学政策平台（IPBES）正式成立，

[1]SCEP. Man's Impact on the Global Environment[M]. Massachusetts: MIT Press, 1970.
[2]HOLDREN J, EHRLICH P R. Human population and the global environment[J].American Scientist, 1974, 62(3): 282-292.
[3]EHRLICH P R, EHRLICH A H. Extinction: the causes and consequences of the disappearance of species[M]. New York: Random House, 1981.
[4]DAILY G.C. Nature's services: societal dependence on natural ecosystem[M].Washington DC: Island Press, 1997.
[5]MILLENNIUM ECOSYSTEM ASSESSMENT. Ecosystems and human well-being: biodiversity synthesis[M]. World Resources Institute. Washington, DC, 2005.

体现了千年生态系统评估之后世界各国对于生态系统服务的高度关注。IPBES 旨在通过加强科学政策对生物多样性和生态系统服务的影响，从而实现生物多样性保护与可持续利用，以及人类的长期福祉与可持续发展。IPBES 提出了"自然对人类的贡献（NCP）"这一概念，这是对生态系统服务的进一步延伸。NCP 不仅关注生物多样性对人类生活质量的正面影响，还考虑其可能的负面影响，如疾病传播等。NCP 还强调了社会文化因素、传统知识以及人与自然共同作用在人类福祉中的重要性。

自 20 世纪 90 年代中期起，我国逐步开展生态系统服务的相关研究。这一时期的研究主要集中在生态系统服务的理论基础、概念内涵以及评估方法等领域。进入 21 世纪后，我国在生态系统服务价值核算、生态保护补偿、生态系统服务价值转化等方面取得了积极的研究成果。生态系统服务现已成为连接生态学和经济学、保护与发展、公共和私人政策的重要桥梁（图 1-1）。

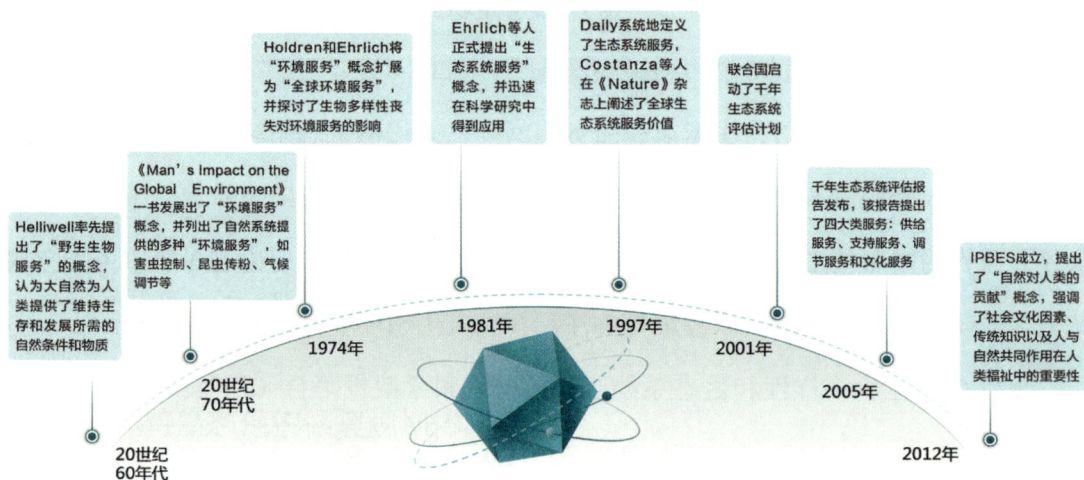

图 1-1 生态系统服务的提出与发展历程

1.1.2 生态系统服务对人类社会发展的惠益

中国学者在整合 IPBES 相关理念及国内外生物多样性与生态系统服务评估主要研

究成果的基础上，充分考虑"生物多样性—生态系统结构—过程与功能—服务"级联关系，提出了生物多样性和生态系统与人类福祉间的级联框架（图1-2）。该框架强调了生物多样性是一切生态系统功能和服务的前提与基础。生态系统的生物学、物理学结构和过程体现为生态系统结构与功能特征，这些生态系统结构与功能的稳定性保证了生态系统服务的持续供给，而生态系统的最终服务是生态系统功能对人类收益的直接贡献，与人类福祉直接相连。

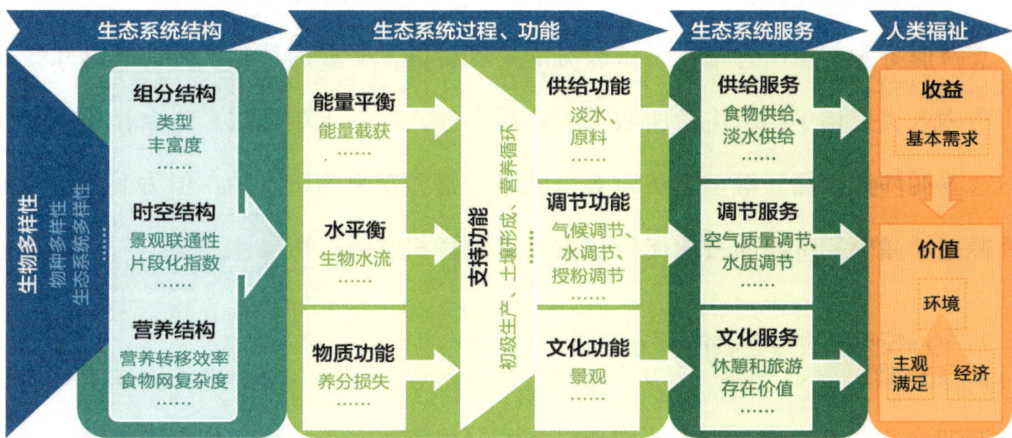

图1-2　"生物多样性—生态系统结构—过程与功能—服务"级联式概念框架[1]

供给服务意为生态系统为人类提供各种物质产品和服务，以满足人类的生存和发展需求。这些服务包括但不限于食物生产、原材料供应、水资源供给以及其他物质产品供给，具体包括天然药物和药品、遗传资源以及生物化学物质等。生态系统的供给服务为人类的生存、健康和发展提供了物质保障。

调节服务是指生态系统通过其过程的调节功能为人类提供的各种惠益。调节服务

---

[1] 傅伯杰，于丹丹，吕楠. 中国生物多样性与生态系统服务评估指标 [J]. 生态学报，2017（2）：341-348.

包括但不限于气候调节、空气质量调节、水质调节、疾病和病虫害防治、固碳释氧、噪声削减、授粉等。生态系统的调节服务通过改善环境质量、维持生态平衡和提供安全的生活条件，直接或间接地促进了人类的健康和福祉。

文化服务是人们从生态系统中获得的非物质利益，这些利益对人类的精神、文化、社交和教育等方面产生积极影响。文化服务包括精神和宗教、休憩和旅游、教育和启发、审美和娱乐、社会关系等。生态系统的文化服务为人类提供了文化、精神和休闲福祉，有助于提高和改善人类的生活质量。

支持服务为其他所有生态系统服务的生产提供了必要的基础条件。生态系统的支持服务为人类提供了维持生命所必需的环境条件，包括土壤形成、光合作用、初级生产、营养循环和水循环等，这些服务虽然不会直接带来物质产品，但为其他生态系统服务奠定了基础，从而间接地支持了人类的生存和发展。

1.1.3 生态系统服务面临的严峻形势

2005 年，千年生态系统评估指出，过去 50 年间人类活动（如耕地扩张、城市化和资源过度采伐）导致了大多数生态系统的显著退化，24 项被评估的生态系统服务中，水质净化、碳储存和土壤养分循环等 15 项处于下降趋势[1]。2019 年，IPBES 发布的生物多样性和生态系统服务全球评估报告指出，全球自然环境正在以历史上前所未有的速度衰退，物种灭绝速度也在不断加快。自 1970 年以来，野生哺乳动物总生物量下降82%，约有 100 万种动植物物种面临灭绝威胁[2]。千年生态系统评估和 IPBES均强调了生态系统服务退化的严重性，并指出，如果不采取行动，生态系统服务能

---

[1]MILLENNIUM ECOSYSTEM ASSESSMENT. Ecosystems and human well-being: biodiversity synthesis[M]. World Resources Institute. Washington, DC, 2005.
[2]IPBES. Summary for policymakers of the global assessment report on biodiversity and ecosystem services of the Intergovernmental Science-Policy Platform on Biodiversity and Ecosystem Services. Bonn, Germany, 2019.

力将会继续衰退，进而威胁到人类社会的可持续发展。生态系统服务面临的严峻形势是多方面的，主要包括以下几点。

（1）人类干扰持续增加

过去 50 年中，全球人口增长了 1 倍，经济增长了近 4 倍，贸易增长了 10 倍。人口和经济的快速发展，推动对能源和材料的需求，进而造成生态环境受损，导致生态系统服务面临巨大的压力。

在空间占用方面，城市、农田、交通能源基础设施等占地扩张，导致自然空间被挤占，引起生态系统服务退化。例如，亚马逊雨林被誉为"地球之肺"，它对全球气候调节、碳吸收、水循环等生态系统的服务至关重要。然而，随着巴西的人口增长、经济发展以及对粮食供给和基础设施的需求，亚马逊的自然空间不断被建设用地挤压，生态系统服务退化严重。根据巴西国家空间研究所（INPE）的数据，自 1970 年以来，亚马逊地区已损失超过 20% 的森林面积。2019 年，亚马逊雨林的森林砍伐面积仍达每年 1 万 km²，这一趋势对全球气候变化应对和生物多样性保护带来了巨大挑战。

在资源攫取方面，人类对淡水、矿产、土地、渔业等资源需求旺盛。例如，全球淡水使用量中有 5% ～ 25% 超过了长期可获得的供应量，仅靠人工水转移或地下水抽取维持；自 1980 年以来，全球每年开采的可再生和不可再生的矿产资源增长了近 100%；过度捕捞导致世界渔业衰退，约 33% 的海洋渔业资源处于过度捕捞状态[1]；过去 50 年中，约有 40% 的农业用地因侵蚀、盐碱化、营养物质耗竭、污染和城市化而退化[2]。这些资源的过度攫取加剧了生态系统服务的下降，给人类福祉带来了负面影响。

随着经济社会的发展，人类干扰持续增加，生态系统面临着更大压力。空间占

---

[1] IPBES. Summary for policymakers of the global assessment report on biodiversity and ecosystem services of the Intergovernmental Science-Policy Platform on Biodiversity and Ecosystem Services. Bonn, Germany, 2019.

[2] Millennium Ecosystem Assessment. Ecosystems and human well-being: biodiversity synthesis[M]. World Resources Institute. Washington, DC, 2005.

用和资源攫取共同威胁生态系统服务，导致生态系统供需失衡，威胁到人类的福祉和可持续发展[1]。因此，有必要采取行动，强化生态保护修复监管，优化土地利用和资源管理策略，降低人口增长对生态系统带来的负面影响，维持生态系统为人类提供的福祉。

（2）气候变化愈加严重

联合国政府间气候变化专门委员会（IPCC）第六次评估报告显示，人类面临全球变暖、极端天气事件频发、海平面上升以及生物多样性丧失等诸多挑战，这将严重制约生态系统结构和功能的可持续性，继而影响生态系统服务，威胁人类福祉[2]。

气候变化导致温度和降水模式的变化，影响作物产量和渔业生产力。例如，全球粮食生产能力正在下降，目前约有7.5亿人面临粮食不安全风险，4 100万人濒临饥荒。在半干旱地区，农牧民缺乏饮用水和灌溉水以及农业生产力下降导致生计和收入损失的风险。

气候变化通过增加森林火灾、干旱和昆虫暴发等因素破坏森林碳汇，形成正反馈循环，加剧气候变化，进而影响生态系统的调节服务。例如，野火导致的全球生态系统碳排放量高达1/3，预计到2100年，随着全球增温幅度达到4℃，野火频率将增加约30%。

气候变化对文化服务的影响虽然难以量化，但同样重要。例如，原住民依赖环境生存，与土地有精神联系，气候变化将严重影响他们依赖的传统季节性活动。

（3）生态系统和生物多样性仍在持续不断退化

众多报告显示，全球生态系统和生物多样性仍在持续退化，至今仍未见拐点。例如，

---

[1] 叶超. 正确处理生态文明建设的"五个重大关系"[J]. 红旗文稿，2023, 17.

[2] IPCC. Climate change 2022: the physical science basis. Contribution of working group I to the sixth assessment report of the intergovernmental panel on climate [M]. Cambridge University Press.

2009 年，科学界提出了 9 个相互关联的"行星边界"概念，认为生物多样性丧失和氮循环已经超出了行星边界阈值。其中，化石记录显示，海洋生物的灭绝率为每年每百万个物种中有 0.1 ～ 1 次物种灭绝；哺乳动物为每年每百万物种有 0.2 ～ 0.5 次物种灭绝。如今，物种的灭绝率是地质历史上物种灭绝率的 100 ～ 1 000 倍。在 21 世纪，多达 30% 的哺乳动物、鸟类和两栖动物物种面临灭绝的风险[1]。2023 年的研究报告称，人类活动已经导致 6 个"边界"阈值被突破，将世界推向"安全空间"之外[2]。根据世界自然基金会（WWF）发布的《地球生命力报告》，1970—2020 年，全球范围内野生动植物种群数量减少了 73%，其中淡水物种的下降最为显著，高达 85%[3]。此外，哺乳动物、鸟类、两栖动物、爬行动物和鱼类等物种数量平均下降了 68%[4]。世界自然保护联盟（IUCN）公布的 2018 年数据显示，26 000 种物种面临灭绝风险，超过 27% 的评估物种处于濒危状态。随着物种灭绝风险的增加和生态系统服务的退化，许多人群的福祉受到威胁，尤其是那些依赖自然资源生计的农村社区。生物多样性丧失不仅加剧了贫困，还可能会导致粮食不安全、健康问题和社会关系恶化。

1.2　强化生态保护修复监管是促进人与自然和谐共生的需要

自然资源、生态系统和社会经济相互作用、相互影响，构成了动态演变的耦合系统。这种耦合关系决定了人类活动对自然环境的影响以及自然环境对人类生存和发展的重要性。加强生态保护修复监管，严防各类生态破坏行为，有利于充分发挥引导和倒逼作用，科学改善生产、生活与生态的关系，促进区域可持续发展。

[1]Rockström J, Steffen W, Noone K, et al. A safe operating space for humanity[J]. Nature, 2009, 461(7263): 472-475.
[2]Richardson K, Steffen W, Lucht W, et al. Earth beyond six of nine planetary boundaries[J]. Science Advances, 2023, 9(37): eadh2458.
[3]WWF（2024）Rapport Planète Vivante 2024. WWF, Gland, Suisse.
[4]WWF（2020）Living Planet Report 2020-Bending the Curve of Biodiversity Loss. WWF, Gland, Suisse.

1.2.1　一个有限的地球

从气候变化到物种灭绝，从土地利用到水资源管理，从化石燃料到塑料污染，人类对地球持续而强烈的改造已经产生了深刻且持久的影响。2000 年，诺贝尔化学奖得主、荷兰大气化学家 Paul Crutzen 提出了"人类世"的概念，认为全球环境受到快速增长的人口和经济发展的影响，地球已经结束了持续 1.17 万年的地质时代"全新世"，人类活动给地球带来的变化足以开辟一个新的地质时代——"人类世"。"人类世"最显著的特征是出现了一些过去 40 万年都没有过的现象，如大气中二氧化碳和甲烷浓度的全球性增高，以及土壤侵蚀、水资源消耗、温室气体排放、物种灭绝、臭氧层空洞等。这些现象表明人类已成为一种地质力量，影响着地球系统的演化。

在地球的历史进程中，人类从地球上亿万物种中脱颖而出，成为能够改变整个地球以满足自身需求的物种。人口的爆炸式增长，给整个地球系统带来了深远的影响，包括生物多样性变化、生态空间挤占、自然资源开采、土地利用方式改变等。在一个有限的地球上，对任何特定自然资源或土地面积需求的扩大，必然会减少与我们共享地球的数百万其他物种使用的资源。这些限制对全人类的生存有着深远的影响。

人类生活在一个资源有限的地球上，整个地球支撑着一种名为"自然"的宏大经济体系。这是一种循环经济，不依赖于技术，而是靠植物、动物和微生物物种来维持，这些物种能够自由地发挥其生物作用。这些生物作用确保了材料和能源的永久生产、消费、交换和循环利用。维持人类的经济活动和福祉需要消耗可再生自然资源，如矿物养分、水、木材、野生动植物等。然而，为了提高人类福祉而过度消耗自然资源或改造地貌，随着时间的推移，会损害该地生态系统的服务，从而削弱人类福祉。

地球上的自然资源包括水、土壤、矿产等，构成了地球生态系统的基础，是人类生存和发展的基石。然而，这些资源并非是无穷无尽的，它们是有限的，且在人类活动的影响下，面临着日益严峻的挑战。随着工业化和城市化的推进，人类对自然资源的需求不断增长，过度开采、不合理利用和环境污染等问题日益凸显。自然界的"报复"并非抽象的概念，而是以各种形式显现的现实后果。例如，过度砍伐森林可能会导致洪水和土壤侵蚀，过度捕捞海洋生物可能导致渔业资源的枯竭，而温室气体的大量排放则加剧了全球气候变化。因此，为实现人与自然和谐共生的目标，必须加强对生态系统的保护，促进其合理利用。通过强化生态保护修复监管，遏制生态破坏行为，科学推进生态保护修复，促进生产生活方式的绿色转型。例如，通过建立和完善生态保护红线监管机制，严格控制人类活动对自然生态空间的影响，确保生态系统的稳定性和持续性。

1.2.2　人与自然生态系统的耦合

人与自然生态系统的耦合关系是一个复杂而动态的过程，涉及人类社会经济活动与自然生态系统之间的相互作用和影响。这种耦合关系分为正向耦合和负向耦合两种类型。正向耦合意味着人与自然和谐共生、协调发展；负向耦合则表现为人类活动对自然环境的负面影响，会导致生态系统退化或衰落。

当前阶段，人地矛盾突出是导致生态退化的主要原因。例如，长期过度放牧引起的草地退化以及过度开垦导致的水土流失等问题，严重威胁生态系统的稳定性和可持续性[1]。通过科学的生态保护修复监管，建立综合性的管理框架，综合运用适应性管理策略、多元化的利益相关者参与、市场激励机制、生态保护补偿机制、法律和政策支持等途径和手段，能够缓解人地矛盾，协调人与自然的关系，实现人与自然的和谐共生，从而推动生态文明建设迈向新的高度。例如，当前我国很多地区实施土地综合整治、低效建设用地减量化和农用地整理等措施，有效增加了耕地面积和生态用地面

---

[1] 中华人民共和国生态环境部．全国生态脆弱区保护规划纲要，2008.

积，同时调整优化了城乡用地结构布局，提高了土地利用效益。再如，修订后的《中华人民共和国野生动物保护法》新增建设隔离防护设施、种群调控、"正当防卫"免责等规定，完善了缓解人兽冲突的手段，不仅保护了野生动物，也减少了人与野生动物之间的冲突。

1.3 强化生态保护修复监管是完善生态环境治理体系的需要

随着经济社会发展进入绿色化、低碳化阶段，人民群众对优美生态环境的需求日益增长，美丽中国建设也对生态保护修复监管提出了更高的要求，强化生态保护修复监管成为完善生态环境治理体系的重要组成部分。

1.3.1 解决生态环境问题需要系统解决方案

人为活动引起的气候变化、生物多样性丧失、环境污染等全球性挑战相互交织，需协同应对。气候变化和环境污染的长期累积效应，可加剧生物多样性丧失，引发自然生态系统失衡，将会威胁到人类经济社会的可持续发展。如果不采取及时有效的保护和修复措施，自然生态系统减缓和适应气候变化、容纳和消解环境污染的能力也会减弱，全球环境治理也将变得更加复杂和艰难。

一方面，加强生态系统各要素的协同治理。生态系统是一个复杂的有机整体，涉及山、水、林、田、湖、草、沙等多个要素，各要素之间相互依存、紧密联系。生态保护修复要求具有系统性、整体性和协同性，遵循系统思维，统筹考虑自然生态各要素，进行整体保护和综合治理。综合考虑自然生态过程与社会经济发展，通过科学规划和统一实施，生态保护修复方能从根本上改善生态环境质量。

另一方面，加强生态与环境的协同治理。在以往的环境治理中，我们往往只注重技术层面污染物减量和单要素环境质量改善，而忽视了生态系统自身的重要性。片面的环境治理方式虽然短期内会取得一定成效,但长期来看可能会引发更大的生态风险。基于自然的解决方案（NbS）是应对生态环境挑战的系统解决方案之一,旨在同时提供人类福祉和生物多样性的益处,包括增强生态系统服务、提高生态系统韧性以及促进可持续发展。例如,森林恢复可以增加碳储量,减少温室气体排放,同时改善水循环和土壤健康。湿地恢复可以提供防洪、水净化等功效和多种物种的重要栖息地。在城市环境中,NbS通过绿色基础设施（如公园绿地、绿色屋顶、城市森林等蓝绿空间）来应对城市化带来的"热岛效应"、内涝和空气污染等挑战。

1.3.2　生态保护修复监管是生态环境监管的薄弱环节

当前,我国面临环境污染监管能力强而生态保护修复监管能力弱的局面。环境污染监管（如大气、水体、土壤污染控制等）已经形成了一套较为全面的法律法规制度体系。国家通过制定严格的污染物排放标准,以及严密的监测预警、监督执法、激励约束等机制,实施精准治污、科学治污、依法治污,持续深入打好蓝天、碧水、净土保卫战,全国生态环境质量正持续改善。与环境污染监管相比,生态保护修复的监管体系建设相对滞后,法律法规制度体系尚须完善,在生态保护补偿、生态环境损害赔偿、生态功能区保护等方面仍存在监管空白或盲区。

生态保护修复涉及的对象更加复杂、广泛且多变。不同于污染治理及污染物定量排放和监测,生态系统具有极强的复杂性和动态性,生态破坏问题与环境污染不同,前者往往是长时间、多维度的累积效应。例如,森林砍伐或湿地退化等生态破坏行为,其后果往往需要几年甚至几十年才能体现,且修复过程漫长,需要大量的时间和资源。因此,生态保护修复过程也需要基于长时间的观测评估和适应性调整,其监管不仅是一个过程性监督,更是一项高度专业化和多学科交叉的技术集成。

此外,相较于环境污染的监测设备和技术,生态系统的监测手段相对较为薄弱。

生态功能的监测往往需要复杂的生物学、地理信息系统等技术手段，而这些技术尚未普及和成熟，监测的时效性和准确性难以满足监管要求。

生态保护修复监管不仅是政府的责任，还需要公众广泛参与。然而，公众当前对环境问题的关注度较高，尤其是对污染事件的反应较为强烈，舆论监督更为积极。相较之下，生态保护修复项目往往缺乏足够的社会关注和公众参与，从而导致监管的透明度和公信力不足。

1.3.3　美丽中国建设对生态保护修复监管提出更高要求

我国高度重视生态文明建设，将其纳入"五位一体"总体布局，谋划开展了一系列根本性、开创性、长远性工作。2023 年全国生态环境保护大会对新时代生态保护修复监管提出了更高的要求。要用最严格的制度和法治来保护生态环境，让制度成为刚性约束和不可触碰的高压线。通过加快构建以国家公园为主体的自然保护地体系，完善自然保护地和生态保护红线监管制度，建立健全生态产品价值实现机制，让保护生态环境者获益、让破坏生态环境者付出代价。这为新时代的生态保护修复监管提出了明确的方向和要求，旨在推动生态文明建设迈上新台阶，实现人与自然和谐共生的现代化目标。

近年来，我国在生态保护修复监管方面取得了积极进展，初步建立了生态保护修复监管体系，这主要体现在坚持政策法规标准制定、监测评估、监督执法、督察问责的"四统一"。通过加强生态保护修复问题监督，开展"绿盾"自然保护地强化监督，发现并查处了大量生态破坏问题，推动了问题整改。同时，生态环境部门建立了生态保护红线监管平台，提升了主动发现人为破坏活动的遥感监测能力。

然而，当前我国生态系统本底脆弱，局部地区生态系统退化问题依然严重，生物多样性丧失的趋势尚未得到根本扭转，生态保护修复监管面临的形势依然严峻。因此，必须不断完善生态保护修复监管制度体系，突出问题导向，围绕发现问题、整改问题、监督执法、督察问责这条主线开展工作，以更高标准谋划和推进生态环境保护工作，确保绿水青山常在、各类自然生态系统安全稳定，为全面推进美丽中国建设提供坚强保障。

第二章 生态保护修复监管的定义与内涵

　　"监管"是一个具有多元性与复杂性的概念，在不同的语境下有着不同的含义。明晰生态保护修复监管的定义与内涵，全面理解其核心要义，辨析其与相似概念的异同，对于科学构建生态保护修复监管的理论框架具有重要意义。

2.1　生态保护修复监管的定义

　　"监管"一词具有双重含义，即"监督"和"管理"。"监"字最早为"自监其容"的意思，引申为自上而下的视察与监督；"督"字是"监"的同义词，汉代时"监督"就成了固定搭配[1]。"管理"一词在我国古代使用较晚，直到清代才在《清会典事例》等中出现，其含义与今天接近。《管理学——原理与方法（第六版）》中，将管理定义为："管理是管理者为了有效地实现组织目标、个人发展和社会责任，运用管理职能进行协调的过程。""监督"的开展要依靠法律法规规章制度等，"管理"的开展则要依托行业行政部门。2002 年党的十六大首次提出将"市场监管"作为政府的一项重要职能，自此，在党和国家的有关文件中开始普遍使用"监管"一词[2]。马英娟[3] 提出，由于各国学者理念、所处国情的差异以及社会现实的变迁，在不同维

---

[1] 王志轩 . 监督：自上而下约束匡正 [J]. 中国纪检监察，2015（22）：59.
[2] 王俊豪 . 中国特色政府监管理论体系与应用研究 [M]. 北京：中国社会科学出版社，2022：1.
[3] 马英娟 . 监管的概念：国际视野与中国话语 [J]. 浙江学刊，2018（4）：49–62.

度上对"监管"概念各有主张，对其内涵的阐释呈交叉重叠、错综复杂的局面。

就生态保护修复监管而言，既要关注"监管"的一般性含义，也要结合生态保护修复自身的特点。生态保护修复监管是政府依据法律制度等，运用多种手段，针对能够对自然生态系统产生影响的社会经济活动进行监督管理的过程。生态保护修复监管是环境监管的延伸、细化和发展，也是政府行使生态保护修复职能的重要方式。

2.2　生态保护修复监管的内涵与外延

一个概念的内涵是其所反映对象本质属性的总和，外延是具有该概念所反映的本质属性的一切对象，它们分别代表了事物的本质属性和其相关事物的广度。随着人们对生态保护修复的认知不断发展和监管实践的不断深入，生态保护修复监管的内涵与外延也在不断变化发展。

2.2.1　生态保护修复监管的内涵

生态保护修复监管的核心内涵在于，"基于生态系统弹性，在社会经济活动监督过程中优化生态系统管理"，是一种具有综合性、系统性、适应性、长期性的行为控制活动。

（1）生态保护修复监管的综合性

生态系统能够为人类社会提供支持、供给、调节、文化等多种功能和服务，为全社会提供综合性的生态福祉，各种服务功能之间存在一定的权衡和协同关系。传统的部门监管往往仅聚焦于一个或少数生态环境要素及其服务功能变化，在短期内能够取得一定成效，但随着生态系统关键功能的削弱，长此以往，难免出现此消彼长、顾此失彼的情形，将会对区域生态安全产生不可逆的影响。例如，在干旱、半干旱地区，为了获得更高的生态物质产品产出，许多地区大幅增加农田、草地、林地的水资源供给，致使区域地表水、地下水循环过程发生改变，对区域生态系统的调节服务产生隐性而深远的影响。因此，必须运用综合性监管手段，基于生态系统自身的弹性，在生态系统面对人类活动干扰时，采取一定的措施和手段进行监督调控，维护生态系统的结构和功能完整。

（2）生态保护修复监管的系统性

人与自然是不可分割的生命共同体。人类社会经济系统和生态系统也是相互作用、相互依赖的有机整体。人类依赖于生态系统提供的资源和服务，而生态系统也受到人类活动的深度影响。当前多数生态保护修复监管活动仅聚焦于生态系统本身的治理，而忽视了造成生态环境问题的深层次根源。即人类在利用和改造自然过程中不合理的社会经济活动，导致"治标不治本"现象产生，监管效果将会大打折扣。因此，必须秉持系统观念和系统方法，充分认识到未来不断变化的要素和环境条件，研判可能产生的影响，科学制定监管政策。例如，在制定森林资源管理政策时，若一味地强调资源的严格保护，忽视木材需求的经济影响，监管将难以达到预期效果。只有系统地、全方位地指导、协调、监督森林资源保护政策可能产生的短期和长期的生态影响、经济影响及社会影响，才能推动政策切实有效落地执行。

（3）生态保护修复监管的适应性

当前，我国经济社会发展已由高速增长阶段转向加快绿色化、低碳化的高质量发展阶段。国内外需求条件、要素条件和潜在经济增长率发生了重要变化。新的科学认识、新技术、新环境科技成果以及新的社会生态价值观不断涌现。人们的生态需求日益精细化、多元化，单一的或"一刀切"的生态保护修复监管政策难以适应新阶段、新形势和新要求。因此，必须加快转变传统监管手段，增强监管工具的适应性和可持续性，根据所处阶段的变化而适时演进，以确保监管措施的有效性。例如，当前快速发展的生物技术可能加剧转基因生物体释放到自然环境的风险，影响生物多样性。然而，目前尚缺乏明确的法律框架和标准来指导和监督其对社会—生态系统的影响。再如，大规模部署太阳能光伏板需要占用大量土地，这可能与农业生产、自然保护区或野生生物栖息地产生冲突，影响土地的多功能性和生态平衡。

（4）生态保护修复监管的长期性

现行的自然资源管理方式较为传统，忽略了可能发生的突发干扰[1]。然而，当今时代，由气候变化、自然灾害、人类活动等引发的突发性生态环境风险日益增加，极端事件频发，在此背景下，生态系统弹性将变得至关重要。然而，人们的注意力通常只聚焦在短期收益上，却容易忽略影响社会—生态系统长期演进的关键慢变量（指那些需要较长时间才能显现其影响的要素，如生态系统弹性、支持服务等）。这就要求生态保护修复监管要秉持弹性思维，权衡短期亏损和长期利益，降低生态系统脆弱性，增强生态系统韧性，以可持续发展的眼光衡量监管的长期有效性。

2.2.2 生态保护修复监管的外延

界定生态保护修复监管的外延，即明确生态保护修复监管的边界扩展。鉴于人与自然生态系统的复杂互馈关系，生态保护修复监管的外延相当广泛，是一种覆盖全领域、全要素、全过程、全链条、全社会的行为控制活动。

（1）生态保护修复监管覆盖全领域

生态保护修复监管应当覆盖所有自然生态系统及与其相联系的社会经济活动领域。既包括生产领域（如农业、工业、矿业、林业和渔业等），也涵盖生活领域（如城市规划、住宅建设、交通基础设施以及公众日常消费场景等）。

（2）生态保护修复监管覆盖全要素

生态保护修复监管要考虑构成生态系统的所有关键组成部分及其相互作用，既包

---

[1]Brian walker, David Salt. 弹性思维——不断变化的世界中社会—生态系统的可持续性[M]. 北京：高等教育出版社，2010: 14.

含了水、土壤、空气、生物等单一的自然要素，又涉及森林、草原、湿地、农田、荒漠、海洋、城市等多要素构成的生态系统。

（3）生态保护修复监管覆盖全过程

生态保护修复监管应该覆盖事前、事中、事后全过程，做到纵向到底、横向到边。事前监管以规划政策、行政许可等为主，严把准入关口。事中监管以风险管理和过程评估为主，主要确保相关主体社会经济活动符合自然规律及社会经济运行规律，重点在于状态维持与过程监控。事后监管，以监督执法、督察问责、绩效评估等为主，确保相关社会经济活动能够达到预期的生态环境和社会经济效益。

（4）生态保护修复监管覆盖全链条

生态保护修复监管不是仅限于局部或孤立的措施，而是一套完整的体系，实现全链条监管。从源头性控制到上下游产业各个环节把握，确保生态保护修复相关活动的全面性和有效性，既着眼于解决当前存在的问题，还应预防未来可能出现的新挑战。

（5）生态保护修复监管覆盖全社会

生态保护修复监管不是政府单一主体的职能，更需要得到社会各界的支持与参与。非政府组织、科研机构和个人都可能提出新颖有效的解决方案，提升生态环境保护监管效率，也有助于提升整个社会对生态保护的认知和重视。同时，各国、各地区以及不同利益相关者之间的紧密合作与沟通，有助于形成监管合力。

2.3 生态保护修复监管与其他概念的联系与区别
2.3.1 生态保护修复监管与环境监管

生态系统是生物群落与非生物环境通过能量流动和物质循环所形成的一个相互影响、相互作用的自然整体，环境要素（如水、空气、土壤等）对生态系统的健康至关重要。因此，环境要素与生态系统之间存在复杂的内在联系，环境要素变化直接影响着生态系统的结构和功能。生态问题本质上是环境问题的一部分。例如，工业污水进入河流污染水质通常是环境问题，但当污水影响到物种群落和生境就会演变为生态问题。水体、大气等环境质量的变化会直接影响流域或区域生态系统的健康状况。良好的环境质量是维护生态平衡的基础，健康的生态系统又能提供优质的环境服务（如净化水质、调节气候等），有助于改善环境质量。保护和恢复生态系统既是提升环境质量的关键，也是实现可持续发展的重要途径。

因此，生态保护修复监管是环境监管的延伸、细化和发展。《中华人民共和国环境保护法》从法学角度对环境下了定义："本法所称环境，是指影响人类生存和发展的各种天然的和经过人工改造的自然因素的总体，包括大气、水、海洋、土地、矿藏、森林、草原、湿地、野生生物、自然遗迹、人文遗迹、自然保护区、风景名胜区、城市和乡村等。"可见，从法律依据上说，对环境的监管实际上已经包含了对生态保护修复的监管。

在以往，人们通常更加关注水、大气、土壤等环境要素的监管，强调使用物理、化学、生物等人工干预措施来对生态系统施加影响，加速修复过程。但随着人们对自然的认识加深以及社会经济的快速发展，人们逐渐认识到，对生态系统关键慢变量的监管也同样重要，且这种监管是长期的、缓慢的，不可能一蹴而就。这就要求在监管实践中基于生态系统弹性，采取综合性的环境监管策略。在监督社会经济活动过程中对生态系统管理措施进行评估与优化，二者需要统筹协调，以实现生态系统的整体健康和稳定。例如，在规划工业园区时，既要考虑污染物排放的控制，也要考虑该区域内的生态系统保护，后者为生态保护修复监管的重要内容。

2.3.2　生态保护修复监管与自然资源管理

生态保护修复监管与自然资源管理既有联系，也有区别。自然资源是生态系统为人类提供的诸多功能与服务中最重要的一类。自然资源管理的目标是在最大限度地开采自然资源与最大限度地减少开发和改造自然所造成的损害之间取得平衡。除去单纯的自然资源经营与可持续利用措施（如为获得林木和其他林产品或森林生态效益而进行的营林措施），生态系统仍然有着诸多非资源化的功能和服务，在某些时刻，这些功能服务与自然资源供给还存在一定的权衡关系。在具体策略上，自然资源管理更注重资源使用的规划、配额制度、可持续开采策略等。而生态保护修复监管覆盖范围更广、层次更高，通常并非直接作用于生态系统，而是追本溯源地消除造成生态破坏的不合理社会经济活动，避免超过生态系统阈值，致使生态系统进入一种并非人们所期望的稳态（如不合理采矿所遗留的矿坑）。生态保护修复监管既不同于单纯的"绝对保护"，也不同于单纯的"自然资源管理"，而是一种兼顾生态、环境、资源的综合监督管理模式。

第三章 生态保护修复监管理论框架

构建科学合理、系统完备的生态保护修复监管理论框架，对进一步加快生态文明体制改革进程至关重要。有必要深入分析生态保护修复监管相关的理论基础，基于新形势、新要求，构建生态保护修复的理论框架，深入剖析这一框架的构成要素、运行机制以及各部分间的协同关系，为生态保护修复政策实践提供理论指引。

3.1 生态保护修复监管的理论基础

生态保护修复监管是一种涉及社会—生态系统方方面面的复杂活动，其理论基础包含了生态学、管理学、经济学等多个学科的代表性观点。

3.1.1 社会—生态系统理论

Glaser 和恢复力联盟提出，社会—生态系统是一个复杂的、有一定空间或功能界限的、具有适应性的系统，主要由生物、环境、相关的社会行为者和体制组成，具有不可预期、自组织、多稳态、阈值效应、历史依赖等特征。社会—生态系统理论尝试将自然环境与人类社会刻画为复杂耦合的整体系统，在许多领域都得到了广泛关注，发展出各有侧重的理论模型，为生态保护修复监管提供了理论依据。

人地系统是人类社会与地理环境的耦合系统，实质上是人类活动与地理环境相互联系、相互作用而形成的复杂适应系统，是一个动态的、开放的、复杂的巨系统。

人地系统科学主要研究人地系统耦合机理、演变过程及其复杂交互效应，不仅着眼于单一要素、过程的性质与规律，更强调多尺度、多要素、多过程之间的交叉及其综合效应。

马世骏等提出并发展了"社会—经济—自然复合生态系统"[1]。该系统由社会、经济和自然三个子系统组成，其理论核心是生态整合，通过结构整合和功能整合，协调三个子系统及其内部组分的关系，使三个子系统的耦合关系和谐有序，实现人类社会、经济与自然间复合生态关系的可持续发展。

刘建国与合作者提出人类与自然耦合系统，研究在特定地点发生的人与自然相互作用[2]。其后又提出远程耦合概念来描述远距离人类与自然耦合系统之间社会经济和环境的相互作用。这一概念是人类与自然耦合系统、社会与生态耦合系统、人类与环境耦合系统研究的自然逻辑延伸[3]。

诺贝尔经济学奖得主 Elinor Ostrom 构建了翔实的社会—生态系统分析框架并应用于公共事务的治理[4]。该框架的研究思路可归纳为核心问题聚焦、关键变量选取和系统结果评估三个步骤，应用领域集中在系统属性研究、综合治理分析和公共政策评估等方面[5]。

3.1.2　生态经济理论

生态经济学是基于生态环境保护意识的普遍觉醒发展起来的，主要尝试解决经济

[1] 马世骏，王如松. 社会—经济—自然复合生态系统 [J]. 生态学报，1984(1)：1-9.
[2] LIU JIANGUO, DIETZ T, CARPENTER S R, et al. Coupled human and natural systems[J]. AMBIO, 2007, 36(8)：593-596.
[3] LIU JIANGUO, MCCONNELL W, BAERWALD T, et al. Symposium on "Telecoupling of Human and Natural Systems" at the meeting of the American Association for the Advancement of Science[EB/OL].
[4] 埃莉诺·奥斯特罗姆. 公共事物的治理之道：集体行动制度的演进 [M]. 上海：上海译文出版社，2012.
[5] 焦雯珺，李宇薇. 社会—生态系统框架研究综述：发展动态、研究方法与应用领域 [J]. 生态学报，2024, 44(20)：8968-8983.

的不当发展带来的生态环境污染问题，是生态学和经济学的交叉学科。与传统经济学相比，其主要强调了生态资源对于人类社会的重要作用，提出了生态资源的有限性和重要性，并依此提出了由单纯的经济增长转变为可持续发展的目标。其中重要的论点包括以下三个。

一是自然资源有价论。该观点认为，自然环境和其中的资源具有经济价值。这一观点主张自然资源是人类生存的基础，而且其保护和利用应该基于市场机制的原则进行。亚当·斯密、大卫·李嘉图等古典经济学家已经开始讨论土地的价值，认识到自然资源作为一种生产要素的重要性。一些哲学家和思想家如（约翰·洛克等）提出了自然权利的概念，认为人类有权享受自然界提供的资源，但同时也有责任合理使用这些资源。20世纪中期以后，生态伦理学开始兴起，强调人与自然之间的道德关系，提倡尊重自然界的内在价值，而不是仅仅将其视为人类使用的工具。

二是生态系统外部性理论。该观点认为生态系统发挥了重要的正外部性，从而在一定程度上导致了市场失灵。外部性描述了个体或企业的经济活动对其他无关第三方造成的影响，而这些影响并没有通过市场机制反映在商品或服务的价格之中。外部性可以分为正外部性和负外部性两种。生态经济学尤其重视外部性理论的应用，以应对资源开发造成的负外部性问题。生态保护则是典型的具有正外部性的例子，保护者为生态保护付出的个人成本高于社会成本，但个人收益却低于社会收益，因而挫伤了保护积极性，造成市场失灵。

三是生态系统公共物品理论。该观点认为生态系统是典型的公共物品（或准公共物品），具有非排他性和非竞争性（当其作为准公共物品时，具有有限的非排他性和非竞争性），从而在一定程度上导致了市场失灵，因为生产者难以向消费者收费，从而导致所谓的"搭便车"问题。通常，政府机构利用这一理论决定哪些服务应该由公共部门提供，以及如何有效地提供和管理这些服务。

3.1.3　生态系统弹性理论

生态系统弹性理论是一个跨学科的概念。生态系统弹性是指生态系统在经历扰动之后恢复到初始状态的能力，或者是生态系统在环境条件变化时，仍能保持其核心功能、结构和反馈机制的能力。这一理论对于理解生态系统如何响应环境改变（如气候变化、人类活动等）至关重要，并且对于制定有效的生态保护策略具有重要意义。生态系统弹性理论的发展可追溯至 20 世纪初，但直到 20 世纪下半叶，随着生态学研究的深入和全球环境问题的凸显，这一理论才得到广泛的关注和发展。在 20 世纪 60—70 年代，加拿大生态学家 C.S. Holling 提出了"弹性"这一概念，用来描述生态系统面对外部干扰时保持其结构和功能的能力，这标志着生态系统弹性理论的正式确立[1]。Brian Walker 等提出社会—生态系统不是一个运行模式完全不变的系统，会时时刻刻受到内部因素和外部因素的干扰，当干扰超过系统能够承受的阈值时，系统就会进入一个新的稳态[2]。

生态系统弹性理论强调生态系统内部存在阈值，超过这些阈值生态系统可能会经历不可逆的变化，即所谓的"转换"。人类活动对生态系统的影响是生态系统弹性理论研究的重点之一。资源过度开发、不合理的土地利用等都可能导致生态系统弹性下降，增加生态系统转换的风险。基于生态系统弹性理论，适应性管理理念强调在不确定条件下通过学习和调整来管理生态系统，以维持其功能和稳定性，这对生态保护修复监管有重要的理论参考价值和实践指导作用。

[1]HOLLING C S. Resilience and stability of ecological system[J]. Annual Review of Ecological System, 1973, 4:1-23.
[2]WALKER B, HOLLING C S, CARPENTER S R, et al. Resilience, adaptability and transformability in social-ecological Systems[J/OL]. Ecology and Society, 2004, 9(2): 5.

3.1.4 政府治理理论

政府治理理论是关于政府如何有效管理公共事务的一套理论体系。其探讨了政府的角色、功能、结构及其与社会其他部门之间的关系。政府治理理论的发展与现代社会的变迁紧密相关，尤其是随着全球化的发展和技术的进步，政府治理面临着新的挑战和机遇。20世纪初，随着工业化的发展和社会复杂度的增加，出现了传统的公共行政模式，该模式强调效率、层级制和标准化操作。然而，传统的以政府为主体的单中心治理模式往往难以应对复杂的生态问题。多中心治理理论强调不同层级的政府、非政府组织、企业、社区和个人等多元主体的合作与互动，能够更有效地解决跨区域、跨部门的生态环境问题，为生态保护修复监管提出了新的思路。

21世纪初，信息技术的迅猛发展催生了电子政务，政府开始利用互联网技术提高公共服务质量和效率，进而推动了数字化治理的发展。随着时代的发展，政府治理理论也在不断演进，以适应社会经济变化所带来的新挑战。在当前信息化、智能化背景下，政府治理越来越依赖数据和技术的支持，同时需要应对隐私保护、信息安全等新问题。如何基于数字化治理理论创新，利用现代信息技术提升生态治理能力，实现精准化管理和智能化服务，也是生态保护修复监管面临的重要命题。

3.2 生态保护修复监管的理论框架

在全面推进美丽中国建设、加快推进人与自然和谐共生的现代化背景下，构建科学、合理的生态保护修复监管理论框架显得尤为紧迫与必要（图3-1）：一是明晰生态保护修复监管的目标，回答"为了什么而监管"的问题；二是厘清监管主体，回答"谁来监管"的问题；三是确定监管对象，回答"监管谁"的问题；四是确立监管依据，回答"监管遵循什么"的问题；五是界定监管范围，回答"监管的时空尺度是什么"的问题；六是明确监管内容，回答"监管什么"的问题；七是选择适宜的监管手段，回答"如何监管"的问题。

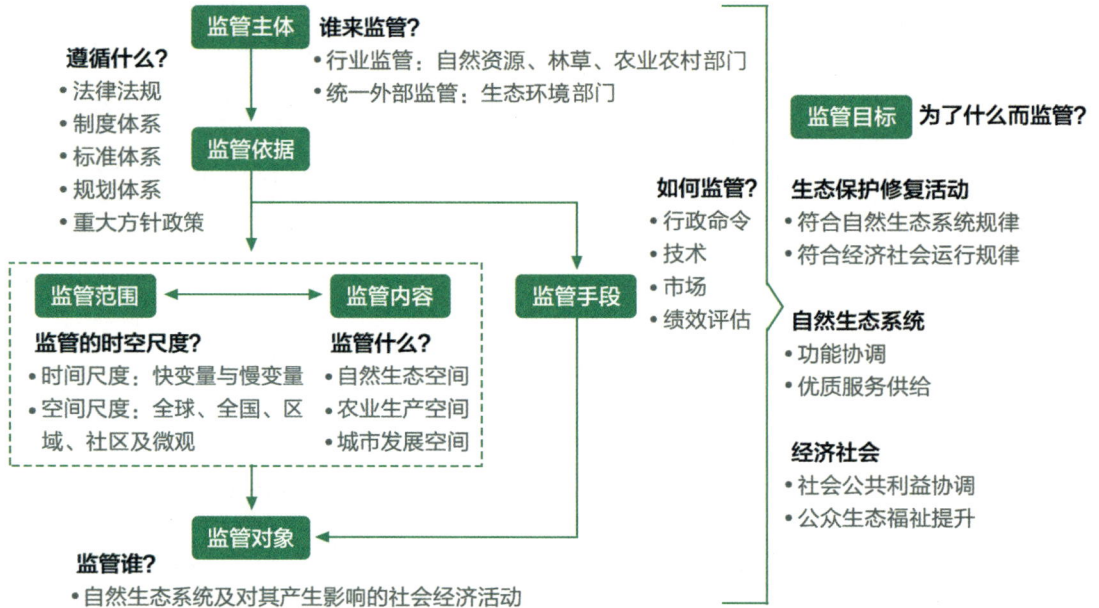

遵循什么?
- 法律法规
- 制度体系
- 标准体系
- 规划体系
- 重大方针政策

监管主体 **谁来监管?**
- 行业监管：自然资源、林草、农业农村部门
- 统一外部监管：生态环境部门

监管依据

如何监管?
- 行政命令
- 技术
- 市场
- 绩效评估

监管范围 ↔ 监管内容 监管手段

监管的时空尺度?
- 时间尺度：快变量与慢变量
- 空间尺度：全球、全国、区域、社区及微观

监管什么?
- 自然生态空间
- 农业生产空间
- 城市发展空间

监管对象

监管谁?
- 自然生态系统及对其产生影响的社会经济活动

监管目标 **为了什么而监管?**

生态保护修复活动
- 符合自然生态系统规律
- 符合经济社会运行规律

自然生态系统
- 功能协调
- 优质服务供给

经济社会
- 社会公共利益协调
- 公众生态福祉提升

图 3-1 生态保护修复监管理论框架

3.2.1 监管目标

明确监管目标是确保监管活动有效性的关键，它既有助于确定监管重点，推动监管力量被合理配置到最需要的地方，又可以为被监管对象提供明确的行为指引，还便于评估监管效果及调整策略，以应对不断变化的社会经济环境。生态保护修复监管目标可以分为以下三个层次。

一是直接目标，即对相关社会经济活动进行合理的监督管理，确保相关活动符合自然生态系统规律及社会经济运行规律。如生态保护修复相关的社会经济活动是否遵循了生态系统本身的特点、是否符合现行的法律法规、是否达到或符合各类生态环境标准等。

二是针对自然生态系统方面的目标，即提升自然生态系统稳定性、多样性、持续性，维护生物多样性，保持生态系统功能和结构完整，并持续为人类社会提供优质的生态系统服务。

三是针对经济社会方面的目标，即提高利用自然的效率。一方面协调各主体公共利益关系，另一方面提升全体社会公众的生态福祉。

3.2.2　监管主体

面对生态保护修复复杂且专业的特性，解决"谁来监管"的问题至关重要。自然生态系统功能和服务更多是作为公共产品供给到全社会，生态保护修复是具有典型正外部性的活动。在生态保护修复监管过程中，社会力量、民间组织以及企业等非政府主体正逐渐参与到治理结构中，标志着监管模式正朝着更加多元化的方向发展，但毋庸置疑的是，政府监管依然占据主导地位。政府不仅拥有强大的行政资源和执法能力，还肩负着制定政策、法律法规以及标准规范的重要职责，这些都是非政府主体难以完全替代的功能。相较于企业等私人部门，作为全民代理人的政府能够更好地对其进行监督管理。实际上，生态保护修复监管本身是政府行使职能的手段，其监管主体必然是政府相关主管部门。2021 年，《关于进一步提高政府监管效能推动高质量发展的指导意见》提出，要严格落实行业监管职责，相关监管部门要切实履行各自职责范围内的监管职责，地方政府要全面落实属地监管责任；要加快建立全方位、多层次、立体化的监管体系，实现事前、事中、事后全链条全领域监管，堵塞监管漏洞。这对政府主导的生态保护修复监管提出了更高的要求。因此，在当前乃至可预见的未来，政府仍将作为监管主体发挥关键作用。

总体来看，生态保护修复政府监管主体可以分为两大类：一是由生态环境部门行使的外部统一监管；二是由各相关主管部门负责的行业监管。这两种模式各有侧重，相互补充，共同发挥着重要的监管职能。

行业主管部门依据自身职责分工，在特定领域内开展具体监管活动。这些部门包括但不限于自然资源、林业和草原、水利以及农业农村等部门，它们各自在其管辖范围内负有直接的生态保护修复责任。自然资源部门主要关注土地、矿产资源的合理利用与保护；林业和草原部门专注于森林、草原等植被资源的恢复与管理；水利部门的工作重心在于水资源的保护和河流湖泊生态系统的保护与修复；农业农村部门致力于农田生态系统保护与农村生态环境改善等方面的工作。

然而，只针对单一要素或领域的监管显然是不够的。生态保护修复是一项系统工程，涉及众多要素和领域，其复杂性和综合性决定了仅仅依靠单要素监管难以达到综合效益提升的目的，必须有一个权威机构来行使统一指导和监督职责，推动生态治理效能的整体提升。作为国家生态环境领域的主要职能部门，生态环境部门在生态保护修复监管中扮演着指导、协调和监督的角色。其履行生态保护统一监管职能，不仅是行业监管体系之外的重要监管模式，还是确保各项政策有效落实和监管措施连贯性与一致性的必然要求。首先，生态保护修复往往跨越多个行政区划，甚至涉及不同生态系统之间的联系。这就要求有一个统一的机构来协调各方利益，确保跨区域、跨部门的合作高效顺畅。其次，以往由于缺乏统一的监管体系，各地方、各部门可能存在标准不一、重复建设等问题，影响生态保护修复效率。生态环境部门统一行使监管职能后，负责制定全国性的生态保护修复政策、规划和技术规范，确保各地方、各部门在实施过程中能够遵循统一的标准和要求，从而推动资源整合，避免不必要的重复工作。再次，生态环境部门还承担着对重大生态破坏问题进行调查处理的职责，以及指导地方生态环境部门开展具体监管工作的任务。最后，统一监管也是适应国际生态保护修复趋势的必然要求。在全球化背景下，生态环境保护已成为国际社会普遍关注的话题，各国都在加强本国的生态环境立法和监管体系建设。生态环境部门通过统一监管，不仅能够提升国内生态保护修复水平，还能更好地履行国际义务，展现中国在全球环境保护方面的积极形象。

由此可见，无论是外部统一监管还是行业监管，都是我国生态保护修复监管体系不可或缺的部分。进一步优化监管主体职能、强化部门之间协同合作、提升监管效能是推动生态保护修复工作深入开展的必要前提。

此外，生态保护修复是一个长期过程，生态保护修复问题往往具有高度的复杂性和系统性，仅依靠政府的力量是远远不够的，需要社会各界的共同努力和支持。不同主体拥有不同的资源和能力，多元主体参与可以实现资源共享，减少重复投入，从而提高生态保护修复成效。同时，来自多方面的专业意见也有助于科学决策，激发新的思路和方法，形成治理合力，增强社会各阶层对生态环境保护事业的认同感，从而共同推动生态保护修复治理能力提升。

3.2.3　监管对象

只有明确监管对象，才能有针对性地制定和实施有效的监管措施。生态保护修复监管的对象是自然生态系统及对其造成影响的人类社会经济活动。

自然生态系统是指地球上由生物群落和非生物环境组成的有机整体，如森林、湿地、草地、海洋、河流等，它们是地球生命支持系统的重要组成部分。对于自然生态系统而言，监管的重点在于保护其原有结构不被破坏、功能不被削弱；对于已经受损的生态系统，监管重点则在于在遵循自然规律的前提下进行恢复与重建。

然而，无数实践与教训证明，仅监管自然生态系统本身是不够的。随着人口增长和技术进步，人类改造自然的主观能动性及能力不断增强，这种影响日益显著。人类对自然环境的影响既有负面的，也有正面的。随着工业化和城市化进程的加快，人类活动对自然生态系统产生了前所未有的负面影响，如过度开发、污染排放、乱砍滥伐、乱捕滥猎等因素导致生物多样性下降、水土流失加剧、空气质量恶化等。这些问题不仅威胁到自然生态系统的健康发展，也直接影响了人类自身的生存和发展。随着科学技术的发展，一些新兴领域如基因编辑、纳米技术等也可能对生态系统带来新的威胁和挑战。

因此，监管对象应该涵盖所有可能对自然生态系统产生影响的社会经济活动。通过合理监管，减少这些活动对生态系统的负面影响，促进自然生态系统向良性发展。只有重视"人"的因素，发挥人类在生态保护方面的主观能动性，约束人类肆意向自然索取的原始本能，才能真正实现人与自然的和谐共生。

3.2.4　监管依据

构建科学合理的生态保护修复监管体系，必须明确监管依据。由于生态保护修复具有综合性、长期性、复杂性等特点，通过制定相关法律法规与一系列的制度性安排，能够保证在较长的时间跨度内，相关监管工作依然具有连贯性和稳定性。合理的制度可以优化配置资源，确保资金、人力和技术等要素得到有效利用。以法律制度为依据，是提升生态保护修复监管效能的必要前提。这些依据主要来自与生态保护修复相关的法律制度体系，具体涵盖法律、法规、规划、标准等多个方面，为生态保护修复监管提供了坚实的法制基础和必要保障。

法律法规是最为根本的监管依据之一。法律具有强制力，为生态保护修复监管提供了明确的法律边界、权责分配原则和必要的规范指引，以确保监管行为符合既定的标准和程序，推动了生态保护修复工作的有序开展。持续完善我国生态环境领域法律法规体系，以法治力量推进生态环境治理体系和治理能力现代化，具有重要的现实意义和长远意义。

规划文件在生态保护修复监管中发挥着顶层设计的作用，其明确了生态保护修复的目标、任务、重点区域和重大项目等，为具体工作的实施提供了方向指引。从"十一五"时期开始，国家发展规划中关于生态保护的部署任务持续增加，环境保护规划更名为生态环境保护规划，以统筹污染防治和生态保护。这一系列重要的规划促进了生态空间保障、生态质量提升、生态功能改善，为生态保护修复监管提供了方向性指引和依据。

标准体系是确保生态保护修复质量和效果的重要工具。相关国家标准、行业标准以及地方标准等共同构成了一套多层次的标准体系，为生态保护修复监管提供了具体的操作指南。这些标准涵盖了生态保护修复各环节的技术要求，包括项目的设计、施工、验收等，确保了各项活动的科学性和规范性。其领域覆盖生物多样性、生态空间、农业、林业、水利、质检等，确保了生态保护修复监管的有效性。

3.2.5　监管范围

生态保护修复监管范围的界定是一项多维度的任务，需要从时间和空间两个尺度进行全面考虑。

在时间尺度上，生态保护修复监管既要覆盖那些短期内可见成效的快变量，又要重视那些需要长期积累才能显现效果的慢变量。对快变量的监管是当前的主要监管工作。相较之下，慢变量的变化周期较长，影响更为深远，但往往容易被忽视。因此，必须要兼顾快变量与慢变量，才能构建一套全面而有效的监管体系，从而确保生态保护修复工作的持续性和稳定性。

在空间范围上，生态保护修复监管注重从全球到地方乃至个体层面进行全方位覆盖。在全球层面，需要关注跨国界的生态环境问题，如气候变化、生物多样性丧失等，这些问题往往需要国际社会共同努力来解决。在全国层面，要重点关注国家层面的战略性生态保护修复工作，如重大生态工程项目、重大战略区域生态保护等，维护国家生态安全。在区域层面，监管工作应当因地制宜，根据实际情况有针对性地进行监管。

在社区层面，监管工作应当鼓励社区居民参与，通过社区共建、共治、共享机制，提高社区生态保护的积极性和主动性。最后，在微观个体层面，需要关注个体行为态度对生态环境的影响，通过宣传推广、科普教育等手段引导公众形成良好的生态环境保护行为习惯。

3.2.6 监管内容

生态保护修复监管所涉及的具体内容非常广泛，涵盖自然生态过程与经济社会活动的方方面面。不过，对于自然生态、农业生产、城市发展等不同空间，生态保护修复监管有着不同的重点。通过制定差异化的监管策略，可以更好地实现生态保护修复的目标，从而促进经济社会发展与环境保护的和谐统一。

森林、湿地、海洋、荒漠等自然生态空间的特点在于生态系统具有完整性和原真性，生物多样性丰富，且具有重要的生态服务功能。因此，监管重点往往聚焦于生物多样性保护、生态系统服务功能维护、自然保护区管理、生态保护红线划定与执行等。

农业生产空间主要涉及耕地、牧场、果园等农业用地，这些空间为人类提供食物和其他农产品，是国民经济和社会发展的基础。农业生产空间往往与自然生态空间相邻或交错分布，保护农业生产空间也是保护生态环境的一部分。对农业生产空间的监管，一方面是为了保障粮食安全、食品安全，如确保施用的化肥、农药等符合安全标准；另一方面，也是保护以耕地为核心的农田生态系统，如农田生物多样性、地下水灌溉等。

城市发展空间涉及城市建成区及其周边地区，这些区域的特点是人口密集、经济活动频繁，同时面临着较大的生态环境约束。对城市发展空间的监管重点更多地强调蓝绿空间构建的功能性、社会—生态系统的耦合及社会—生态系统的弹性。

3.2.7　监管手段

选择合理的监管手段对于实现有效的生态保护修复监管至关重要。传统的生态保护修复监管往往依赖于单一的行政命令来实现对某一领域的控制和管理。这种方式虽然能够在短期内取得一定的效果，但在面对日益复杂的经济社会环境变化时，其局限性日益凸显。因此，需要综合运用法律法规、行政命令、绩效评估、市场激励、技术等多元化手段，提升监管政策的适应性、灵活性、有效性。

行政手段是一种典型的自上而下的监管方式，也是最常见的监管方式，它依赖于政府或监管机构发布的具有法律效力的命令或指示来规范和指导市场主体的行为。这种方式的优势在于，其具有强制性，可以迅速传达政策意图，并要求市场主体遵从。例如，通过发布生态环境行业标准、操作规程等文件来指导企业的经营活动，但行政命令手段的局限性也很明显，它可能抑制市场活力，降低企业创新的积极性，并且在执行过程中可能遇到执行偏差或执行不力的问题。

绩效评估通过设定具体可量化的目标，并定期对这些目标的完成情况进行评估，可以帮助监管机构及时发现实施主体存在的问题，并据此调整监管策略，以提高监管的有效性。

市场激励手段是指发挥市场机制的资源配置作用，来引导和规范市场主体的行为，通常包括税收政策、补贴制度、排放权交易等。这种方式的优点在于，可以利用市场自身的调节机制来实现监管目标，同时能激励市场主体采取符合公共利益的行为。例如，通过碳排放交易系统促进企业减少温室气体排放。市场手段的一个重要方面是通过激励机制促使企业和个人在追求自身利益的同时能兼顾社会公共利益。

在生态保护修复监管工作中，多元主体监督手段起着不可或缺的作用。社会监督赋予了广大民众"监督眼"，社会参与则汇聚多方力量，形成生态保护修复的强大合力。通过广泛的社会宣传教育，推动公众认识到生态保护的紧迫性，为生态保护修复监管营造浓厚的社会氛围，全方位夯实监管根基，让生态保护修复成为全社会的自觉行动。

随着信息技术的发展，技术手段已成为现代监管不可或缺的一部分。利用大数据、云计算、人工智能等先进技术，可以实现对市场主体行为的实时监控和智能分析。这种方式可以提高监管效率，减少监管成本，并且在某些情况下可以做到预防性监管。

在生态保护修复实际监管中，各种监管手段往往是相互补充、同向发力的。例如，政府可以先通过行政命令手段确立基本的监管框架和规则，然后利用技术手段实现对市场主体行为的实时监控，并通过市场手段激励企业遵守规则，最后通过绩效评估来检验监管措施的实施成效，并据此进行必要的调整。

第二篇

实践范式

第四章 中国生态保护修复监管发展历程

生态保护修复是生态建设的深化与拓展，随着经济发展和社会需求的变化，我国生态保护修复经历了从被动应对灾害到积极主动保护的转变，从单一要素的保护向区域整体保护治理的转变。生态建设不再局限于植树造林、封山育林、绿化美化等传统领域，而是扩展到更为广泛的生态保护修复领域。在此过程中，我国生态保护修复管理体制和架构也在逐步演变——相关法律法规从依托于环境保护类法律法规到逐步独立立法，从关注各自然要素类法律法规到重视区域流域整体性保护法律法规。

4.1 中国生态保护修复监管发展总体脉络

新中国成立以来，我国生态保护战略经历了一个从被动应对自然灾害向积极主动保护生态环境的转变。从第一个国家级自然保护区到以国家公园为主体的自然保护地体系，从退耕还林、荒漠化治理等单要素治理到山水林田湖草沙一体化保护修复治理，我国生态保护修复监管制度逐步发展完善，基本建立了适应生态文明和美丽中国建设的生态保护修复战略政策体系。

4.1.1 自然灾害应对与生态保护修复起步阶段

新中国成立初期，百废待兴，国家的核心任务以稳定人心、恢复生产和经济发展为主。生态保护修复政策主要以被动应对自然灾害、改善人民群众生存环境为目标，生态保护修复监管理念逐步孕育。当时我国基础设施极为薄弱，自然灾害频繁发生，如1954年淮河洪水、1958年黄河洪水、1963年海河洪水等，给人民群众的生命财产安全造成巨大威胁。同时，由于木材供需矛盾极为突出，加之长期以来农田的过度开垦，我国部分地区水土流失极为严重，荒漠化持续加剧，北方地区沙尘暴天气频发。

为缓解上述问题，我国开始注重林业建设和区域生态环境治理。1958年，中央政府印发《关于在全国大规模造林的指示》。1963年，国务院发布《森林保护条例》。1971年，通过了《全国林业发展规划》。与此同时，为系统治理荒漠化问题，1978年，中央政府决定实施"三北"防护林体系建设工程，开创了中国生态工程建设的先河。1981年，全国人民代表大会通过了《关于开展全民义务植树运动的决议》，开启了中国历史上乃至人类历史上规模空前的植树造林运动。

与此同时，我国开始关注自然生态保护工作，1956年，我国划建了第一个自然保护区——广东鼎湖山自然保护区，这一举措开创了自然保护区事业的先河，也标志着我国自然资源和生态环境保护进入了崭新的发展阶段。1972年，中国参加首次联合国人类环境会议，成为审视自身和全球生态环境问题的起点。1982年，国务院将国营张家界林场命名为"湖南大庸张家界国家森林公园"，成立我国第一个国家森林公园。1986年，国务院环境保护委员会审议通过了《中国自然保护纲要》，这是我国第一部保护自然资源和自然生态的宏观指导性文件。

进入20世纪90年代，中国先后加入《生物多样性公约》《联合国防治荒漠化公约》《联合国气候变化框架公约》，生态保护政策逐渐与国际接轨。1994年，国务院颁布《中华人民共和国自然保护区条例》，自然生态保护领域有了首部专项法规。逐步建立了自然保护区、风景名胜区、自然文化遗产、森林公园、地质公园等多种类型的保护地，基本覆盖了我国绝大多数重要的自然生态系统和自然遗产资源。

在此阶段，我国生态保护修复监管处于孕育阶段，相关工作融合在环境资源保护监管各项工作中。1973 年，我国召开第一次环境保护会议，审议通过了环境保护工作 32 字方针和第一个环境保护文件《关于保护和改善环境的若干规定》，提出了自然资源的开发利用要考虑环境影响以及保护森林草原和大力植树造林等要求。1983年，第二次全国环境保护会议首次将环境保护确立为一项基本国策，把强化环境管理作为环境保护工作的中心环节。1989 年颁布的《中华人民共和国环境保护法》指出，要加强生态破坏问题监管，环境保护主管部门要对全国环境保护工作实施统一监督管理。同年，第三次全国环境保护会议通过了《全国 2000 年环境保护规划纲要》指出："全国生态环境保护目标是通过生态环境保护，遏制生态环境破坏，促进自然资源的合理、科学利用，实现自然生态系统良性循环，维护国家生态环境安全。"1994 年，中国通过了《中国 21 世纪议程》，将可持续发展总体战略上升为国家战略。1996 年，第四次全国环境保护大会指出要建立环境与发展综合决策的机制，审议通过了《中国跨世纪绿色工程规划》等文件（图 4-1）。

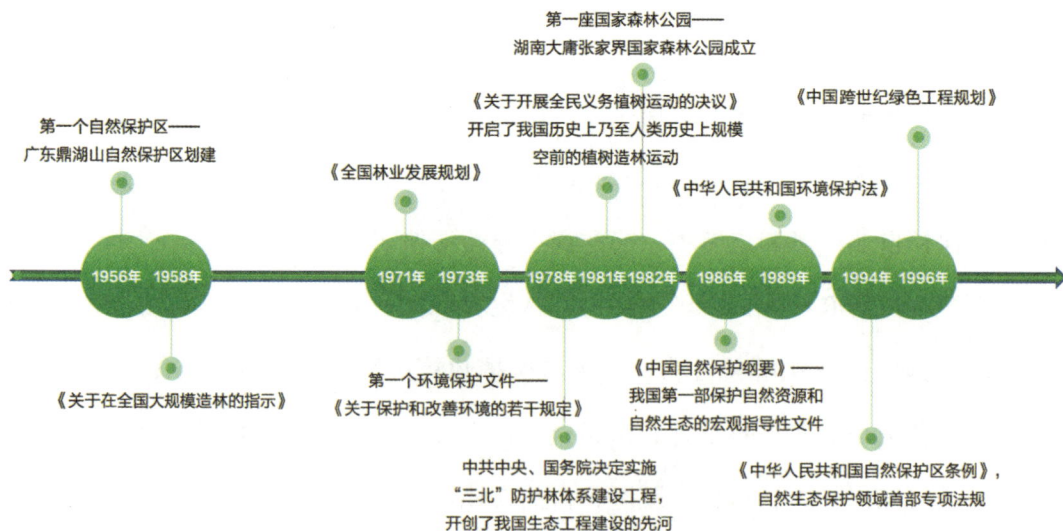

图 4-1 自然灾害应对与生态保护修复起步阶段历程

4.1.2　生态保护修复快速发展阶段

世纪交替之际，受全球气候变化和人类活动等因素影响，我国经历了多次重大自然灾害，如 1998 年长江特大洪水和 2000 年北方沙尘暴等，引起政府和社会各界对于生态保护修复的高度关注。为了不断强化环境保护基本国策，我国相继召开第五次、第六次及第七次全国环境保护大会，大会对我国生态环境保护工作做出了重大战略调整和长期战略部署，先后实施了一批生态建设重大工程，接连印发"十一五""十二五"全国生态保护规划和"十三五"全国生态保护规划纲要。与此同时，我国生态保护修复工作也逐渐从局部、单要素保护修复向区域系统保护和综合治理加快转变，生态保护修复政策制度体系逐步完善，生态保护修复监管机制逐步健全。

1998 年，国务院印发《全国生态环境建设规划》，确立了该阶段生态保护工作聚焦重点地区、重点生态问题，实施一批重点工程的总基调。2000 年，国务院印发《全国生态环境保护纲要》，提出"重要生态功能区、重点资源开发区、生态良好地区'三区'推进的战略思路，引入生态系统服务功能和分区分类管理的政策，工作思路从重点区域治理转向生态保护优先、分区分类管理"[1]。2006 年，第六次全国环境保护大会强调了源头保护、自然恢复的策略，要求"生态保护和建设的重点要从事后治理向事前保护转变，从人工建设为主向自然恢复为主转变，从源头上扭转生态恶化趋势"。同年发布了我国首部生态保护五年专项规划，进一步强调了生态保护优先、维系自然生态系统的完整以及实施分区分类指导等理念。2007 年，《国家重点生态功能保护区规划纲要》印发实施，首次提出生态功能保护区属于限制开发区的理念，我国初步建立重点生态功能区保护制度。

---

[1] 王夏晖，何军，牟雪洁，等. 中国生态保护修复 20 年：回顾与展望 [J]. 中国环境管理，2021，13(5)：85-92.

2008 年起，《全国生态功能区划》和《全国生态脆弱区保护规划纲要》等重要文件发布，提出在全国划分 50 个重要生态功能区的规划，明确了水源涵养、水土保持、防风固沙、生物多样性维护和洪水调蓄等各类生态功能区的保护方向，并进一步明确了生态脆弱区的保护任务。至此，中国初步形成了以重要生态功能区、生态脆弱区为重点的生态空间保护政策[1]。2010 年，国务院印发《全国主体功能区规划》，将原有重要生态功能区、生态脆弱区等有关政策要求，以国家重点生态功能区的制度形式确立下来，最终确定了 25 个国家重点生态功能区。2011 年，国务院印发《关于加强环境保护重点工作的意见》，首次提出在重要生态功能区、陆地和海洋生态环境敏感区、脆弱区等区域划定生态保护红线，以"一条红线"管控重要生态空间的思路初见雏形。2015 年，中共中央、国务院印发《关于加快推进生态文明建设的意见》《生态文明体制改革总体方案》等，提出要强化主体功能定位，优化国土空间开发格局，加大自然生态系统保护力度。

在此期间，我国接连实施了一批生态保护修复重大工程，如退耕还林还草工程、天然林保护工程、京津冀风沙源治理工程、山水林田湖草生态保护修复工程试点等，取得了显著的成效。1999 年，国家率先在四川、陕西、甘肃三省开展退耕还林试点，2002 年，国务院通过《退耕还林条例》，此后，退耕还林工程在全国范围内迅速推广，涉及 25 个省（区、市）和新疆生产建设兵团。至今，退耕还林工程已持续实施 20 多年，中央财政累计投入超过 5 000 亿元，退耕还林还草 5 亿多亩[2]，取得了生态改善、农民增收、农业增效和农村发展的巨大综合效益。2000 年 10 月，我国开始启动天然林保护工程，工程范围涵盖了长江中上游、黄河中上游以及东北、内蒙古等重点国有

---

[1] 侯鹏，高吉喜，陈妍，等. 中国生态保护政策发展历程及其演进特征 [J]. 生态学报，2021，41（4）：12.

[2] 1 亩 ≈ 666.67 m²。

林区。实施该工程标志着我国林业从以木材生产为主向以生态建设为主转型。2002 年，京津冀风沙源治理工程启动，建设范围涉及北京、天津、河北、山西、内蒙古和陕西等 6 省（区、市）的 138 个县（旗、市、区），总投资 1 400 余亿元。截至 2022 年，工程已累计完成造林营林 921.9 万亩，有力地保障了我国北方，尤其是首都的生态安全。2015—2018 年，我国先后启动了三批 25 个山水林田湖草生态保护修复工程试点，共涉及 24 个省（区、市），中央财政累计投入资金 500 亿元。这标志着我国生态保护修复治理从单要素治理向系统化治理的转变（图 4-2）。

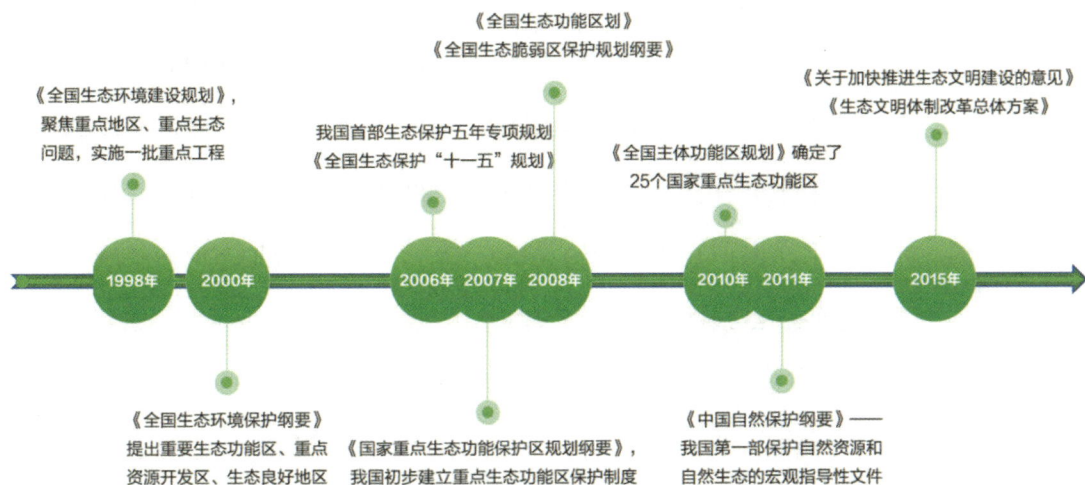

图 4-2 生态保护修复快速发展阶段历程

4.1.3　新时期强化生态保护修复监管阶段

2018 年以来，在习近平生态文明思想指引下，按照"山水林田湖草是生命共同体"理念，我国生态保护修复工作逐渐向生态系统整体性保护、系统性修复、综合性治理转变。这一时期，我国启动新一轮重大生态保护修复相关工程，提出并实施生态保护红线制度，开展国家公园建设，推动以国家公园为主体的自然保护地体系建设，科学开展大规模国土绿化，全面启动"三北"工程攻坚战等，生态保护修复工作逐渐深化。相应地，生态保护修复监管也逐步由单要素、局域监管向多要素系统监管、区域流域综合监管转变。2018年，在国家机构改革中，决定组建生态环境部，旨在进一步整合分散的生态环境保护职责，统一行使生态和城乡各类污染排放监管与行政执法职责，生态保护修复统一监管体系逐步形成。

2018年和2021年，中共中央、国务院先后印发《关于全面加强生态环境保护坚决打好污染防治攻坚战的意见》《关于深入打好污染防治攻坚战的意见》，指出要统筹污染治理、生态保护、应对气候变化，以切实维护生态环境安全等为目标，着力推动提升生态系统质量，实施生物多样性保护重大工程，强化生态保护监管。

2022年，自然资源部、生态环境部和国家林草局印发《关于加强生态保护红线管理的通知》，明确了生态保护红线管理要求。2023年，我国生态保护红线划定工作全面完成，共划定生态保护红线面积约319万km²。其中陆域生态保护红线面积约304万km²，海洋生态保护红线面积达到15万km²，至此，我国实现了"一条红线"管控重要生态空间。

2022年，生态环境部印发《"十四五"生态保护监管规划》，这对于有序推进生态保护监管体系建设，守住自然生态安全边界具有重要意义。该规划明确了"十四五"生态保护监管的五项重点任务：深入开展重点区域监督性监测、推进生态状况及生态保护修复成效评估、完善生态保护监督执法制度、强化生态保护监管基础保障能力建设和提升生态保护监管协同能力。

2023年12月，中共中央、国务院印发《关于全面推进美丽中国建设的意见》，指出要"提升生态系统多样性稳定性持续性，筑牢自然生态屏障，实施山水林田湖草沙一体化保护和系统治理，加强生物多样性保护，强化对生态和环境的统筹协调和监督管理"。

2024年10月，生态环境部印发《关于进一步加强生态保护和修复监管的指导意见》，指出要履行好统一政策规划标准制定、统一监测评估、统一监督执法、统一督察问责等职责。强调要"立足外部监管、生态公益属性监管和问题导向性监管"，"加强统筹协调，严格对所有者、开发者乃至监管者的监管"。

为进一步提升生态保护修复统一监管能力，生态环境部出台了一系列配套政策法规标准等。围绕重要生态空间监管，相继出台了《自然保护地生态环境监管工作暂行办法》《生态保护红线生态环境监督办法（试行）》《国家级自然保护区生态环境保护成效评估工作方案（2022—2026 年）》《生态保护红线监管技术规范 保护成效评估（试行）》等文件，出台《自然保护区生态环境保护成效评估标准（试行）》等自然保护地监管系列标准、《生态保护红线监管技术规范 生态状况监测（试行）》等生态保护红线监管系列标准以及《全国生态状况调查评估技术规范——生态系统遥感解译与野外核查》等生态状况调查评估系列标准。围绕重要生态保护修复工程监管，相继印发《关于坚决防止生态保护修复中形式主义行为的通知》《生态保护修复成效评估技术指南（试行）》等文件。围绕湿地、荒漠化防治监督等工作，相继印发《湿地生态质量评价技术规范》《荒漠化区域生态质量评价技术规范》等文件（图 4-3）。

图 4-3 新时期强化生态保护修复监管阶段历程

4.2 中国生态保护修复监管相关法律法规发展脉络

我国生态保护修复监管相关法律法规不断完善，从融合环境监管相关法律到逐步独立立法，从单项自然要素类法律到区域整体性立法，实现全领域、全要素、全过程、全链条、全社会覆盖，取得巨大成就。

4.2.1 生态保护修复监管法律法规孕育阶段

从 1950 年开始，我国先后颁布了《中华人民共和国矿业暂行条例》《中华人民共和国水土保持暂行纲要》《国家建设征用土地办法》《矿产资源保护试行条例》等法规规章，既鼓励并准许对资源的开发利用，又明确强调要保护资源、综合利用。1974 年，在国家建设委员会环境保护办公室主持下，我国先后发布《工业"三废"排放试行标准》《生产饮用水卫生标准（试行）》《渔业水质标准》和《农田灌溉水质标准》等，对于水资源保护做出了较为明确的规定。

1979 年，《中华人民共和国环境保护法（试行）》颁布实施，明确了"合理地利用自然环境，防治环境污染和生态破坏，为人民造就清洁适宜的生活和劳动环境，保护人民健康，促进经济发展"的立法目的。立法策略是先制定作为基本法的环境保护法，然后陆续制定各自然资源保护类和各环境要素污染防治类相关单行法。1989 年，《中华人民共和国环境保护法》结束长达十年的试行阶段，标志着我国生态环境保护全面进入法治化轨道，逐步形成了以污染防治和自然资源保护为两大主干的环境立法体系[1]。该法指出："在具有代表性的各种类型自然生态系统区域，珍稀、濒危的野生动植物自然分布区域，重要的水源涵养区域等，应当采取措施加以保护，严禁破坏。"同时指出，国务院环境保护行政主管部门要对全国环境保护实施统一监督管理。

---

[1] 吕忠梅，吴一冉. 中国环境法治七十年：从历史走向未来 [J]. 中国法律评论，2019 (5).

在此期间，我国先后制定了《中华人民共和国海洋环境保护法》《中华人民共和国森林法》《中华人民共和国草原法》《中华人民共和国水法》《中华人民共和国野生动物保护法》等单行法近 20 部，对自然资源保护与合理利用、防止生态破坏做出了明确的规定。

4.2.2　生态保护修复监管法律法规发展阶段

加入"里约三公约"后，可持续发展越来越受到社会各界的高度关注。我国开始逐步重视生态保护修复监管工作，并陆续出台了一系列生态保护修复相关法律法规，对各类自然资源保护、生态系统保护修复等工作做出了具体规定，并明确了各级政府和相关部门在生态保护修复中的职责和权力，为生态保护修复监管工作提供了有力的法律保障。

1991 年和 2002 年，我国先后发布《中华人民共和国水土保持法》《中华人民共和国防沙治沙法》，旨在预防土地沙化和水土流失，治理沙化土地，保护和合理利用水土资源，改善生态环境，维护生态安全；为推进水土流失治理、"三北"防护林工程建设等重大生态保护修复工程的监管做出了明确规定。同时，为进一步加强重要生态空间保护，国务院先后于 1994 年和 2006 年发布《中华人民共和国自然保护区条例》《风景名胜区条例》等法规，陆续制定了一批自然保护区管理的技术规范和标准。此外，还先后修订了《中华人民共和国环境保护法》《中华人民共和国水法》《中华人民共和国森林法》等，并在民事、刑事、行政和经济立法中明确规定了生态保护修复的相关内容。

1998 年，国务院颁布《建设项目环境保护管理条例》，2002 年，全国人民代表大会颁布《中华人民共和国环境影响评价法》，完善了环境影响评价制度，使其在促进社会经济可持续发展中发挥更大的作用，并提出了地方政府等部门在组织编制土地利用有关规划，区域、流域、海域建设、开发利用规划时，应当在编制过程中组织开展环境影响评价，防止生态破坏问题产生。2009 年，国务院发布的《规划环境影响评价条例》，标志着环境保护参与重要规划综合决策进入了新阶段。为进一步强化环境影响评价过程中生态保护相关工作，生态环境部先后于 1997 年和 2012 年出台了《环境影响评价技术导则　非污染生态影响》《环境影响评价技术导则　生态影响》等文件，明确了建设项目生态影响评价的基本思路和方法，拓展了环境影响评价的内涵。

4.2.3　生态保护修复监管法律法规完善阶段

2018 年，《中华人民共和国宪法》修正案将"生态文明"和"美丽中国"写入宪法，为我国生态文明建设提供了根本遵循，为我国生态保护修复监管提供了根本指引。中国生态保护修复立法也在不断完善各要素类保护的基础上，更加关注区域整体性、系统性保护，先后颁布《中华人民共和国长江保护法》《中华人民共和国黑土地保护法》《中华人民共和国黄河保护法》《中华人民共和国青藏高原生态保护法》等区域性生态保护修复法律法规，填补了我国在自然生态保护、流域保护、特殊地理区域保护的立法空白。

生态环境部履行生态保护修复监管职责，初步实现了政策法规标准制定、监测评估、监督执法、督察问责"四统一"，使生态保护修复工作有了更加明确的监管主体和监管流程，监管效率和效果不断提升。在这一时期，我国加快了生态保护修复领域相关法律的制（修）订工作，明确了"生态优先，保护优先"的自然资源利用及保护原则；先后颁布了《中华人民共和国生物安全法》《中华人民共和国湿地法》《中华人民共和国土壤污染防治法》等法律法规；进一步修订了《中华人民共和国环境影响评价法》《中华人民共和国水法》《中华人民共和国森林法》《中华人民共和国野生动物保护法》《中华人民共和国草原法》《中华人民共和国防沙治沙法》《中华人民共和国海洋环境保护法》等法律法规。

经过几十年的努力，我国生态保护修复领域立法工作取得了显著成效，相关法律法规达几十部，还有近百部行政法规和地方性法规，初步形成了中国特色生态保护修复法律体系，为全方位、全地域、全过程加强生态保护修复监管提供了坚强法律保障。

4.3　中国生态保护修复监管机构发展历程

新中国成立以来，我国生态环境保护机构（部门）经历了七次大调整，从非独立组织架构的国务院环境保护领导小组办公室到独立的局级架构、副部级架构到部级架构，相关工作职责也在逐步融合多部门生态保护修复监管职责的基础上不断拓展深化。

1974 年，中国成立国务院环境保护领导小组及其办公室，标志着我国历史上第一个环境保护机构的诞生。领导小组由十几个单位组成，这表明，在设立之初，环境保护就是一项综合性工作，涉及多个部门的协调与统筹。1974 年，国家建设委员会环境保护办公室成立，代管国务院环境保护领导小组办公室，主要职责为：负责制定环境保护方针、政策和规定，审定全国环境保护规划，组织协调和督促检查各地区、各部门的环境保护工作。

1982 年，国务院将国家建委、国家城建总局、建工总局、国家测绘局、国务院环境保护领导小组办公室合并，组建城乡建设环境保护部，部内设环境保护局。我国环境保护工作机构开始以独立的局级架构部门存在，并开始行使生态环境保护监管职责。

1984 年，我国成立国家环境保护局，仍然归城乡建设环境保护部管理，同时成立国务院环境保护委员会，主要负责全国环境保护的规划、协调、监督和指导工作。1986 年印发《中国自然保护纲要》，开始注重自然资源破坏与自然生态保护监管。

1988 年，国家环境保护局正式从城乡建设环境保护部中独立出来，成为国务院直属管理的一个副部级机构，我国环境保护监管机构正式成为国家的一个独立工作部门开始运行。

1998 年，国家环境保护局升格为国家环境保护总局，正式成为国务院直属的正部级国家机构。我国逐步进入污染防治与生态保护并重阶段，在生态保护修复方面，设立自然生态保护司，主要职责为：组织拟定和监督实施自然生态保护法规与规章；组织拟订生物多样性保护计划；组织编制全国自然保护区规划，提出新建的各类国家级自然保护区审批建议，监督管理国家级自然保护区；监督自然资源开发活动中的环境保护，指导和监督矿区复垦、生态破坏恢复整治、湿地环境保护、荒漠化防治工作；监督管理海岸工程、陆源污染、拆船等海洋环境污染防治工作；管理生物技术环境安全；负责农村生态环境保护，指导全国生态示范区建设和生态农业建设。

2008 年，国务院组建环境保护部，组建华东、华南、西北、西南、东北、华北六大区域环境保护督察中心。在实行总量控制、定量考核、严格问责的同时，多种生态环境保护政策综合调控也开始受到重视，从主要应用行政手段保护生态环境转变为综合运用法律、经济、技术和必要的行政手段解决生态环境问题。在生态保护修复监管方面，主要职责包括：指导、协调、监督生态保护工作，拟订生态保护规划，组织评估生态环境质量状况，监督对生态环境有影响的自然资源开发利用活动、重要生态环境建设和生态破坏恢复工作；指导、协调、监督各种类型的自然保护区、风景名胜区、森林公园的环境保护工作；协调和监督野生动植物保护、湿地环境保护、荒漠化防治工作；协调指导农村生态环境保护，监督生物技术环境安全，牵头生物物种（含遗传资源）工作，组织协调生物多样性保护。

2018 年，国务院机构改革，决定组建生态环境部。整合原环境保护部和原国土资源部、原国家海洋局、国家发展改革委、水利部、原农业部等部门相关职责，进一步充实污染防治、生态保护、核与辐射安全三大职能领域，承担生态环境制度制定、监测评估、监督执法和督察问责四大职能，从机构上保证了《中华人民共和国环境保护法》建立的"环保部门统一监管、有关部门分工负责、地方政府分级负责"管理体制的落实。这次机构改革进一步明确了生态环境部承担生态保护修复监管职责，包括指导协调和监督生态保护修复工作，编制生态保护规划，监督自然资源开发利用、生态环境建设与生态破坏恢复工作，制定自然保护地生态环境监管制度并监督执法，监督野生动植物保护、湿地保护、荒漠化防治等，监督生物技术环境安全，牵头生物物种和生物多样性保护工作，参与生态保护补偿工作（图4-4）。

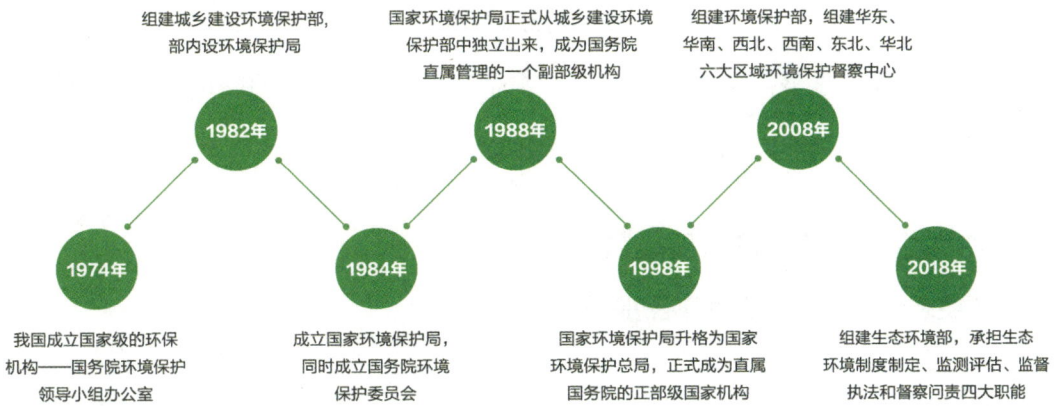

图 4-4 中国生态保护修复监管机构发展历程

第五章　新时期中国生态保护修复监管成效

我国生态保护修复监管制度体系不断完善,推动全国生态环境状况总体稳中向好,生态系统格局整体稳定,生态系统质量持续改善,生态系统服务功能不断增强,区域生态保护修复成效显著,生物多样性保护水平逐步提高,90%的陆地生态系统类型和74%的国家重点保护野生动植物种群得到有效保护[1]。

5.1　中国生态系统保护修复成效

5.1.1　生态系统格局稳定性不断提升

据全国生态状况变化调查评估,截至2020年,中国森林、灌丛、草地、湿地和荒漠等自然生态系统约占陆域国土面积的78.66%。耕地、园地等农田生态系统约占陆域国土面积的18.07%。城镇约占陆域国土面积的3.27%。2000—2020年,中国森林、湿地、城镇持续增加,灌丛、草地、农田、荒漠持续减少。2015—2020年,中国生态系统格局整体稳定,全国有11.40万 km² 的生态系统类型发生了变化,占陆域国土面积的1.19%。森林、湿地、城镇面积增加,灌丛、草地、农田、荒漠面积减少。与2000—2015年相比,2015—2020年各类生态系统面积年均变化幅度均有所减少,其中,城镇面积年均增幅由3.19%降至1.26%,生态系统格局的稳定性不断提升。

---

[1] 董保同.加强生态保护修复监管　筑牢美丽中国生态根基 [J].旗帜,2024(4):15-17.

5.1.2　自然生态系统质量不断提升

2000 年以来，我国自然生态系统质量总体改善，2015—2020 年，质量优、良等级面积占比首次超过低、差等级的面积占比（41.48%），其中，27.23% 的区域生态系统质量等级提升。2015—2020 年，我国自然生态系统（森林、灌丛、草地）质量为优和良等级的面积占比平均为 43.49%，生态系统质量等级提升的区域面积占比为 11.67%。

5.1.3　生态系统服务功能稳中有升

2020 年，我国生态系统服务功能极重要和较重要区域的面积占陆域国土面积的 58.13%，中等重要和一般重要区域的面积占陆域国土面积的 41.87%。其中，占陆域国土面积 34.76% 的极重要区域提供了全国一半以上的生态系统服务功能。2000—2020 年，我国生态系统水源涵养、土壤保持、防风固沙、固碳能力分别提升了 0.32%、1.08%、31.67% 和 50.10%。2015—2020 年，水源涵养、土壤保持和生物多样性维护服务功能基本稳定，防风固沙和固碳功能显著增强。

5.2　重要生态空间保护成效

我国持续加强对重要生态空间的监管，把我国自然生态系统最重要、自然景观最独特、自然遗产最精华、生物多样性最富集的区域完整保护起来，为全球的生态保护与治理提供了中国方案。

5.2.1　自然保护地

自然保护地是由各级政府依法划定或确认，对重要的自然生态系统、自然遗迹、自然景观及其所承载的自然资源、生态功能和文化价值实施长期保护的陆域或海域[1]。自然保护地建设是国际公认的保护生物多样性、提供优质生态产品与服务、维系生态系统健康最重要、最有效的途径。2017年，中共中央、国务院印发《建立国家公园体制总体方案》，明确了国家公园制度体系顶层设计。2019年，中共中央办公厅、国务院办公厅印发《关于建立以国家公园为主体的自然保护地体系的指导意见》，明确建立以国家公园为主体、以自然保护区为基础、以各类自然公园为补充的中国特色自然保护地体系。2020年，生态环境部印发《自然保护地生态环境监管工作暂行办法》，实现了自然保护地生态环境监管的制度化、规范化。2023年以来，生态环境部相继印发自然保护地、生态保护红线生态破坏及生态环境问题处置相关规范文件，以进一步指导和加强自然保护地、生态保护红线生态环境监管工作。

据全国自然保护区保护成效评估以及生态状况调查评估结果，2000—2020年，我国国家级自然保护区中，生态系统质量优和良等级数量占比约为59%；省级自然保护区优和良等级数量占比约为48%。从数量最多的森林类型自然保护区来看，国家级和省级自然保护区生态系统质量优和良数量占比分别达84.02%和74.32%，多分布于我国东部及南部地区。2000—2020年，国家级和省级自然保护区自然生态空间总体稳定，森林生态类国家级和省级自然保护区生态系统质量总体改善，年均提升速率分别为0.14%和0.25%。2020年，国家级自然保护区的自然生态空间保有率为97.62%，省级自然保护区自然生态空间保有率为93.44%。

5.2.2　国家重点生态功能区

国家重点生态功能区是指承担水源涵养、水土保持、防风固沙和生物多样性维

---

[1]《关于建立以国家公园为主体的自然保护地体系的指导意见》。

护等重要生态功能，关系全国或较大范围区域的生态安全，需要在国土空间开发中限制进行大规模高强度工业化城镇化开发，以保持并提高生态产品供给能力的区域[1]。2010 年，国务院发布《全国主体功能区规划》，划定了国家重点生态功能区。中央财政对国家重点生态功能区涉及县域实施转移支付政策。截至 2024 年，中国已累计投入近 9 000 亿元转移支付资金，对水土保持、水源涵养、防风固沙和生物多样性维护等重点生态功能区加大保护力度，涉及 810 个县域约 484 万 km²，占陆域国土面积的 50.4%。

据全国生态状况变化调查评估，2020 年，全国重点生态功能区转移支付县域生态空间占比达到 90.40%，其中，草地面积占比最大，为 38.15，森林和灌丛面积占比为 28.16%，湿地面积占比 4.38%。2015—2020 年，转移支付县域湿地面积增加了 0.75%，森林和灌丛面积增加了 0.05%；开发建设用地占比年均增加不足 0.01%，远低于全国平均水平。重点生态功能区转移支付县域生态系统质量及其稳定性均高于全国平均水平，并在全国范围内发挥了重要的生态功能作用。2015—2020 年，我国陆地生态系统水源涵养功能下降了 0.19%，而水源涵养型重点生态功能区转移支付县域功能整体提升了约 7.25%，功能提升效果显著。我国陆地生态系统水土保持功能整体增加了 0.02%，水土保持类型重点生态功能区转移支付县域内增加 0.49%，也高于全国平均水平。防风固沙型重点生态功能区及生物多样性维护型重点生态功能区转移支付县域内主导生态系统功能基本稳定。

5.2.3　生态保护红线

生态保护红线是指生态功能极重要、生态极脆弱，以及具有潜在重要生态价值、必

---

[1] 王夏晖，何军，牟雪洁，等. 中国生态保护修复 20 年：回顾与展望 [J]. 中国环境管理，2021，13(5)：85-92.

须强制性严格保护的区域，也是保障和维护国家生态安全的底线和生命线。目前，我国共划定生态保护红线面积约 319 万 km²。其中，陆域生态保护红线面积约 304 万 km²，占陆域国土面积的比例超过 30%，保护了绝大多数的生态系统服务功能极重要区、生态环境极敏感脆弱区及生物多样性分布关键区，涵盖了 95% 的珍稀濒危物种；海洋生态保护红线面积约 15 万 km²[1]。

国务院于 2017 年和 2019 年分别印发了《关于划定并严守生态保护红线的若干意见》《关于在国土空间规划中统筹划定落实三条控制线的指导意见》，明确了生态保护红线制度体系顶层设计。2022 年，自然资源部、生态环境部与国家林业和草原局联合印发《关于加强生态保护红线管理的通知（试行）》（自然资发〔2022〕142 号），生态环境部印发《生态保护红线生态环境监督办法（试行）》（国环规生态〔2022〕2 号），明确了生态保护红线内人类活动管控要求，推进生态保护红线生态破坏问题监管制度化、规范化。

陆域生态保护红线内具有水源涵养、生物多样性维护、水土保持、防风固沙等功能的生态功能极重要区域面积约 165.6km²，水土流失、沙漠化、石漠化和沙源流失等生态极脆弱区域面积约 21.9 万 km²，分别占陆域生态保护红线面积的约 54.5%、7.2%。近岸管理海域内，具有海洋生物多样性维护、海岸带防护等功能的极重要区域面积约 6.9 万 km²，海岸侵蚀和沙源流失等极脆弱区面积约 0.3 万 km²，分别占近岸管理海域内海洋生态保护红线总面积的约 81.2%、3.9%。

我国生态保护红线划入 99% 的红树林、96% 的一级国家级公益林、92% 的冰川及永久积雪、91% 的珊瑚礁、89% 的海草床以及 94% 的未开发利用无居民海岛。划定后的生态保护红线涵盖我国全部 35 个生物多样性保护优先区域以及 90% 以上的典型生

---

[1] 中国国土勘测规划院 . 中国生态保护红线蓝皮书 [M]. 北京：中国大地出版社，2023.

态系统类型[1]。

5.3　重大生态保护修复工程治理成效

自 20 世纪 90 年代起，我国先后实施建设了一系列重大生态保护修复工程，主要包括"三北"防护林工程、天然林保护工程、退耕还林还草工程、生物多样性保护重大工程、山水林田湖草沙一体化生态保护和修复工程等国家重点工程，以及三江源生态保护和建设、京津风沙源治理、石漠化综合防治等区域综合工程。工程措施主要包括封山育林、矿山治理、工程治沙、流域治理、生态输水、人工造林、禁牧休牧等。我国生态恶化趋势基本得到遏制，重点生态脆弱区域生态质量持续改善。

2015—2020 年，我国林业重点生态工程完成造林面积约 15.51 万 km²，主要包括天然林资源保护、退耕还林、京津风沙源治理、"三北"及长江流域等重点防护林体系工程，其中退耕还林工程完成造林面积最大（约 4.40 万 km²）。"十三五"期间，我国实施湿地保护与恢复项目 53 个，实施湿地生态效益补偿补助、退耕还湿、湿地保护与恢复补助项目 2 000 余个，新增湿地面积约 0.20 万 km²，湿地保护率达 50% 以上。我国累计治理沙化和石漠化土地约 12 万 km²，沙化土地封禁保护区面积扩大到 1.78 万 km²，荒漠化沙化面积和程度持续降低。据第六次全国荒漠化和沙化调查结果，截至 2019 年，中国荒漠化土地面积约 257.37 万 km²，沙化土地面积约 168.78 万 km²，与 2014 年相比，分别净减少 37 880 km²、33 352 km²。沙尘暴天气次数明显减少。

5.3.1　"三北"防护林等防沙治沙工程

"三北"地区是我国林业发展的重点、难点地区，沙化土地总面积达 148 万 km²，占全国沙化土地的 85%；水土流失面积约 240 万 km²，占全国的 69%。截至 2020 年

---

[1] 中国国土勘测规划院. 中国生态保护红线蓝皮书 [M]. 北京：中国大地出版社，2023.

底，"三北"工程累计完成营造林保存面积达 3 174.29 万公顷，工程区森林覆盖率由 1978 年的 5.05% 提高到 13.84%。京津风沙源治理工程区 20 年间林草植被盖度由 39.8% 提高到 45.5%，退化草原面积由 2004 年的 85% 降至 70% 左右，重点治理区实现了由"沙进人退"到"绿进沙退""绿富同兴"的转变。

据沙化土地面积连续监测数据（2004 年、2009 年、2014 年、2019 年），我国沙化土地面积由 20 世纪末的年均扩展 3 436km² 转变为目前的年均缩减 6 667km²，近 20 年间沙化土地减少 5.53 万 km²。2019 年，八大沙漠、四大沙地的土壤风蚀总量较 2000 年下降约 40%。近 10 年北方地区春季年均发生 9.2 次沙尘天气过程，低于常年（1991—2020 年）同期的 12.5 次，呈现次数减少、强度减弱的趋势。

5.3.2 退耕还林还草工程

自 1999 年试点以来，中国先后在 25 个省（区、市）和新疆生产建设兵团开展了两轮退耕还林还草，累计实施退耕地还林还草和配套荒山荒地造林种草 5 亿多亩，为全球增绿的贡献率超过 4%。截至 2023 年 11 月，中央累计投入 5 815 亿元，惠及 4 100 万农户、1.58 亿农民，为维护国家生态安全、助推脱贫攻坚和乡村振兴发挥了重要作用。

据监测，退耕还林还草每年涵养水源 440.05 亿 m³、固土 7.09 亿 t、滞尘 5.40 亿 t、固沙 8.37 亿 t、固碳 0.56 亿 t，年生态效益总价值量达 1.42 万亿元，涵养的水源相当于三峡水库的最大蓄水量，减少的土壤氮、磷、钾和有机质流失量相当于我国年化肥施用量的 40% 多，真正从源头上防治土地退化，减轻自然灾害。

5.3.3 山水林田湖草沙一体化保护和修复工程

2016 年以来，在国土空间规划等确定的"三区四带"生态安全屏障区域和京津冀等国家战略区域关键生态节点，我国累计实施了 6 批 52 个"山水工程"，对山上山下、地上地下、陆地海洋及流域上下游进行整体保护、系统修复、综合治理，取得了显著的生态效益、经济效益和社会效益。

2016—2018 年前三批 25 个工程试点成效评估表明，工程区域生态系统格局和质量整体得到改善，服务功能稳中有升，生物多样性逐步提高，生态胁迫一定程度得到缓解。试点区域林、草、湿、田（非生态用地转化）等重要生态系统面积增加 18 898.72km²，增长率为 3.08%。区域整体平均植被覆盖度由 53.10% 提升至 55.33%，增长率为 4.20%。区域水环境质量得到整体提升，区域年均单位面积水源涵养量增加 72 m²/km²，年均单位面积土壤保持量增加 313 t/km²，水源涵养和土壤保持功能改善趋势总体向好。

5.4　典型案例

5.4.1　中国国家公园建设

2021 年 10 月，三江源、大熊猫、东北虎豹、海南热带雨林、武夷山等首批五个国家公园正式设立，保护面积达 23 万 km²。首批国家公园探索了保护优先、合理转型的机制模式，近 5 万社区居民参与生态管护公益岗位。截至 2024 年底，三江源国家公园实现了长江、黄河、澜沧江源头整体保护，藏羚羊种群恢复到 7 万多只。大熊猫国家公园保护了 70% 以上的野生大熊猫，连通了 13 个局域种群生态廊道。东北虎豹国家公园东北虎数量超过 70 只，东北豹数量超过 80 只。海南热带雨林国家公园雨林生境持续改善，长臂猿种群数量恢复到 7 群 42 只。武夷山国家公园黄腹角雉数量保持在 700 只左右，生态系统原真性、完整性进一步增强。

根据《国家公园空间布局方案》，中国规划布局了 49 个国家公园候选区，总面积约 110 万 km²，其中陆域面积约 99 万 km²，占陆域国土面积的 10.3%，海域面积约 11 万 km²。49 个国家公园候选区把我国自然生态系统最重要、自然景观最独特、自然遗产最精华、生物多样性最富集的区域纳入国家公园体系，涵盖陆域分布高等植物 2.9 万种，脊椎动物 5 000 多种，保护 80% 以上的国家重点保护野生动植物物种及其栖息地[1]。

5.4.2　跨区域生态保护协作机制

秦岭是我国南北气候的分界线和重要的生态安全屏障，是黄河、长江流域的重要水源涵养地，被誉为我国"中央水塔"，生态区位十分重要。为加强秦岭地区整体保护、协同保护，生态环境部指导陕西、河南、湖北、重庆、四川、甘肃、青海六省一市生态环境部门建立了秦岭地区跨区域生态保护协同合作机制，以探索跨区域生态保护修复监管新模式。

据秦岭地区生态状况调查评估显示，近 20 年来，秦岭生态状况总体稳中向好，生态系统格局整体稳定，生态系统质量持续改善，生态系统服务功能不断增强。2000 年以来，区域森林、湿地、草地、城镇等生态系统面积有所增加，农田、荒漠等生态系统面积减少。从生态系统质量来看，秦岭地区生态系统质量持续改善，2000—2023 年，48.07% 区域的生态系统质量呈增加趋势；从生态系统功能来看，2000 年以来，80% 以上的区域水源涵养、水土保持等生态功能保持稳定或提升。

[1] 常钦. 我国国家公园建设取得重要成果　生态保护成效明显 [N]. 人民日报，2024-08-05.

第六章　中国生态保护修复监管职责划分

2018 年，国务院机构改革将生态环境保护职能作为重要的改革内容之一，按照大部制思维进行整合，将生态保护修复监管方式从专门的、分部门的方式发展为积极的、综合的大部门方式，这既符合生态系统的综合性、整体性特点，也是积极适应中国经济社会快速转型的必然选择。

6.1　加强党对生态文明建设的全面领导

我国确立了生态文明建设"党政同责、一岗双责"基本准则，党的领导深度介入生态环境保护。2013 年，党的十八届三中全会通过《中共中央关于全面深化改革若干重大问题的决定》，提出紧紧围绕建设美丽中国深化生态文明体制改革，加快建立生态文明制度。2015 年，中共中央、国务院印发《关于加快推进生态文明建设的意见》，提出："各级党委和政府对本地区生态文明建设负总责。"同年，中共中央、国务院印发了《生态文明体制改革总体方案》，提出："建立生态环境损害责任终身追究制。实行地方党委和政府领导成员生态文明建设一岗双责制。"

2016 年，中共中央办公厅、国务院办公厅印发《生态文明建设目标评价考核办法》，提出"生态文明建设目标评价考核实行党政同责，地方党委和政府领导成员生态文明建设一岗双责"。"党政同责"意味着党政协同治理中，同级党委和政府对于生态环境都负有直接的治理责任，改变了过去政治责任与行政业务责任二分的结构。"一岗双责"则意味着相关部门须按照管发展的、管生产的、管行业的必须管环保的要求，一体推进生态环境保护工作。

6.2 持续推进生态环境保护大部制改革

6.2.1 生态环境监管改革方向

2018 年之前，我国对生态系统管理是比较典型的要素管理。著名的"青蛙故事"能予以清楚说明：一种珍稀青蛙的栖息地范围包括湖泊、湿地和周围的农田、山林等，当它在种质资源保护地时归农业部门管，进入水库则归水利部门管，上岸了则归自然资源和林业部门管，被抓了进入市场流通则归市场部门管……这个故事折射出了一个重要的监管逻辑问题——生态系统的管理被行政机构"条块化"职权所分割了。

2018 年，依据大部制思维，国务院对其组成部门进行了一系列调整和优化。

一是将原环境保护部、国家发展和改革委员会、国土资源部、水利部、农业部、国家海洋局、国务院南水北调工程建设委员会办公室的相关职责整合，组建生态环境部。新组建的生态环境部确立了生态环境的监督者职责，着力实现"五个打通"：打通地上和地下、打通岸上和水里、打通陆地和海洋、打通城市和农村、打通一氧化碳和二氧化碳（统一了大气污染防治和气候变化应对）。生态环境部的组建充分体现了大生态监管的思路，包括对自然保护区、生态功能区的监管、流域及区域的监管等。

二是将原国土资源部、国家发展和改革委员会、住房和城乡建设部、水利部、农业部、国家林业局、国家海洋局、国家测绘地理信息局的相关职责整合，组建自然资源部。新组建的自然资源部明确了自然资源所有者的职责，自然资源的产权更加明晰，"多规合一"的规划是自然资源部改革的亮点，功能更聚焦于对自然资产的产权界定、确权、分配、流转、保值与增值。

三是将原国家林业局、农业部、国土资源部、住房和城乡建设部、水利部、国家海洋局等相关职责整合，组建国家林业和草原局。该局确立了其对森林、草原以及湿地等主要生态系统类型的保护职责，反映了我国林业和草原领域从过去主要支撑产业发展，转变为重点支撑生态屏障建设。

四是将原农业部、国家发展和改革委员会、财政部、国土资源部、水利部等相关职责整合，组建农业农村部。具体到生态保护修复职能方面，主要是对农田生态系统和农村生态环境的相关管理职能进行了优化。

五是优化水利部职责。具体到生态保护修复职能方面，主要是将水利部原有的水资源调查和确权登记管理职责，整合入新组建的自然资源部；将编制水功能区划、排污口设置管理、流域水环境保护职责，整合入新组建的生态环境部。

生态环境保护工作涉及面广，具体事项繁多，生态保护修复的监管职责划分不是一成不变的，而是一个复杂的、多层次的、渐进式的过程。2022年，生态环境部印发《关于推动职能部门做好生态环境保护工作的意见》，明确规定了国务院有关职能部门及地方党委和政府生态环境保护责任。在中央层面，承担重要生态环境保护职责的国务院有关职能部门根据"三定"规定和责任清单确定了相关职责，明确本部门生态环境保护方面的具体事项并依法依规向社会公开。

6.2.2　国务院组成部门生态保护修复监管职责划分

2023年，新一轮党和国家机构改革将生态环境领域的组织拟订科技促进社会发展规划和政策职责从科学技术部划入生态环境部，生态保护修复监管"大格局"日趋成型。在生态保护修复监管中，生态环境部扮演着政策制定者、外部监管者、协调者和监督者的多重角色，国家发展改革委、自然资源部、国家林业和草原局等部委根据各自负责领域进行生态保护修复监管。

（1）生态环境部

指导协调和监督生态保护修复工作。组织编制生态保护规划，监督对生态环境有影响的自然资源开发利用活动、重要生态环境建设和生态破坏恢复工作。组织制定各类自然保护地生态环境监管制度并监督执法。监督野生动植物保护、湿地生态环境保护、荒漠化防治等工作。指导协调和监督农村生态环境保护，监督生物技术环境安全，牵头生物物种（含遗传资源）工作，组织协调生物多样性保护工作，参与生态保护补偿工作。

负责生态环境准入的监督管理。受国务院委托对重大经济和技术政策、发展规划以及重大经济开发计划进行环境影响评价。按国家规定审批或审查重大开发建设区域、规划、项目环境影响评价文件。拟订并组织实施生态环境准入清单。

负责生态环境监测工作。制定生态环境监测制度和规范、拟订相关标准并监督实施。会同有关部门统一规划生态环境质量监测站点设置，组织实施生态环境质量监测、污染源监督性监测、温室气体减排监测、应急监测。组织对生态环境质量状况进行调查评价、预警预测，组织建设和管理国家生态环境监测网与全国生态环境信息网。建立和实行生态环境质量公告制度，统一发布国家生态环境综合性报告和重大生态环境信息。

（2）自然资源部

负责建立国土空间规划体系并监督实施。推进主体功能区战略和制度，组织编制并监督实施国土空间规划。组织划定生态保护红线、永久基本农田、城镇开发边界等控制线，构建节约资源和保护环境的生产、生活、生态空间布局。

负责牵头组织编制国土空间生态修复规划并实施有关生态修复重大工程。负责国土空间综合整治、土地整理复垦、矿山地质环境恢复治理、海域海岸线和海岛修复等工作。牵头建立和实施生态保护补偿制度，并制定合理利用社会资金进行生态修复的政策措施。

负责海洋开发利用和保护的监督管理工作。负责海域使用和海岛保护利用管理，会同有关部门负责海岛及周边海域生态系统保护与管理。

（3）国家林业和草原局

负责林业和草原及其生态保护修复的监督管理。组织林业和草原生态保护修复和造林绿化工作。负责森林、草原、湿地资源的监督管理。负责荒漠化防治工作的监督管理。负责陆生野生动植物资源的监督管理，对非食用性利用野生动物活动实行严格的审批流程，指导监督野生动物猎捕、人工繁育和经营利用。负责各类自然保护地的监督管理；负责推进林业和草原改革相关工作。组织实施林业和草原生态补偿工作。

（4）国家发展和改革委员会

负责组织拟订和实施有利于资源节约与综合利用和生态环境保护的产业政策。负责深化资源环境价格改革，完善体现生态价值和环境损害成本的资源环境价格机制。负责推动构建市场导向的绿色技术创新体系，发展壮大节能环保产业。负责会同生态环境部组织开展环保信用评价，建立守信联合激励和失信联合惩戒机制，并将相关企业环境信用信息纳入全国信用信息共享平台。负责提出健全生态保护补偿机制的政策措施。负责统筹平衡行业管理部门提出的生态环保领域使用中央财政性建设资金项目的规模、方向和资金安排的意见。按职责分工，推广、规范政府和社会资本合作模式，引导社会资本参与生态环境治理。

（5）水利部

负责组织编制并实施水资源保护规划，统筹生态环境用水，指导河湖生态流量水量管理、地下水资源管理保护。负责指导重要江河湖泊的保护、水域及其岸线的管理保护、河湖水生态保护与修复，组织指导地下水超采区综合治理。负责指导建设项目水土保持监督管理，组织实施水土保持监测并发布公告，组织编制水土保持规划，指导国家水土保持重点工程实施。

（6）财政部

坚持资金投入同攻坚任务相匹配，负责建立常态化、稳定的财政资金投入机制。制定有利于生态环境保护的财税政策。负责完善生态环境补偿制度，加大对重点生态功能区、生态保护红线区域等生态功能重要地区的转移支付力度。负责设立国家绿色发展基金，健全政府绿色采购制度并组织实施。按职责分工，推广、规范政府和社会资本合作模式，引导社会资本参与生态环境治理。

（7）农业农村部

牵头组织改善农村人居环境。负责农业植物新品种的保护，牵头管理外来物种，指导农业生物物种资源的保护与管理。负责动物防疫以及与动物有关的实验室及其实验活动的生物安全监督等工作。负责指导生态循环农业、节水农业发展以及农村可再生能源综合开发利用、农业生物质产业发展。负责指导渔业水域生态环境及水生野生动植物保护。

（8）其他相关部门

科技部负责在生态修复技术攻关、重点海域综合治理、海洋生态环境监测、生物安全与生物多样性保护等方面通过国家科技计划予以重点支持，推动绿色技术创新。负责促进生态环境保护产学研结合，支持国家重点实验室等开展重大生态环境保护科技攻关，推动生态环境保护重大科技成果转化和示范应用。

住房和城乡建设部负责指导绿色社区建设，指导小城镇和村庄人居生态环境的改善工作。

文化和旅游部负责推动旅游发展规划与生态保护红线、生态环境保护规划进行衔接，科学合理地利用旅游资源，防止环境污染和生态破坏。指导做好各类旅游景区景点、旅游住宿业的生态环境保护和生态旅游基础设施建设。

海关总署负责出入境转基因生物及其产品、生物物种资源的检验检疫工作，负责进出境野生动物的检疫审批和检疫监督工作。

市场监督管理总局负责打击为野生动物非法交易提供商品交易市场、网络交易平台以及发布广告的行为。

6.2.3 生态环境部生态保护修复监管职责

2018 年召开的全国生态环境保护大会强调，生态环境部门要履行好职责，统一政策规划标准制定，统一监测评估，统一监督执法，统一督察问责。将"四统一"要求融入生态保护修复统一监管，有利于提高监管效率，从而更好地保护和修复生态环境。

2020 年，生态环境部印发《关于加强生态保护监管工作的意见》，推动构建"53111"生态保护监管体系。其中，"5"是指持续开展全国生态状况、重点区域、生态保护红线、自然保护地、重点生态功能区县域 5 个方面的监测评估；"3"是指实施好中央生态环境保护督察制度、生态监督执法制度和各重点领域生态监管制度等 3 项制度；3 个"1"就是组织好"绿盾"自然保护地强化监督，建设好生态保护红线监管平台，开展好国家生态文明建设示范区、"绿水青山就是金山银山"实践创新基地和国家环境保护模范城市示范创建工作。

2024 年，生态环境部印发《关于进一步加强生态保护和修复监管的指导意见》，要求立足外部监管、生态公益属性监管和问题导向性监管，严格对所有者、开发者乃至监管者的监管，切实提升生态保护和修复监管水平。

6.3 央地各级政府部门权责分配关系

在当代中国国家治理的场景中，以中央与地方关系为核心的纵向治理是国家治理的重要议题之一。中央政府制定的生态环保政策是指导地方政府履行生态环境保护职能、实施生态环境治理的重要政策工具。地方政府在执行中央生态环境保护政策过程中的态度与行为，以及中央政府与地方政府在生态环境保护政策执行中的策略互动等，在一定程度上影响着生态环境保护政策目标的实现程度。因此，地方政府在生态保护修复监管中扮演着关键角色，合理配置中央和地方各级政府生态保护修复权责极为重要。

根据《中华人民共和国环境保护法》，地方各级人民政府，应当对本辖区的环境质量负责，采取措施改善环境质量。2020 年，国务院办公厅印发《生态环境领域中央与地方财政事权和支出责任划分改革方案》，从生态环境规划制定、生态环境监测执法、生态环境管理事务与能力建设、环境污染防治、生态环境领域其他事项五个方面，界定了中央和地方财政事权与支出责任。2022 年，生态环境部印发《关于推动职能部门做好生态环境保护工作的意见》，在"明确生态环境保护具体事项牵头部门"部分，要求职能部门明确生态环境保护具体事项，地方建立牵头部门确定机制；在"加强生态环境保护工作落实情况督办"方面，对地方各级党委和政府生态文明建设与生态环境保护领导责任提出明确细化要求。2024 年 1 月 11 日发布的《中共中央 国务院关于全面推进美丽中国建设的意见》，在加快推进美丽中国建设重点领域标准规范方面，鼓励出台地方性法规标准。同时要求："制定地方党政领导干部生态环境保护责任制规定，建立覆盖全面、权责一致、奖惩分明、环环相扣的责任体系。""各级党委和政府要强化生态环境保护政治责任，分类施策、分区治理，精细化建设。省（区、市）党委和政府应当结合地方实际及时制定配套文件。"

6.4 典型案例

近年来，我国在生态环境保护修复监管机制方面进行了一些有益探索，并取得了一些成效，形成了一些典型案例。这些典型案例不仅为新时代生态文明建设提供了有力支撑，同时也为其他地区和领域提供了可借鉴的经验与模式。

6.4.1　国务院加强生物多样性保护工作协调机制

2011 年，国务院成立"中国生物多样性保护国家委员会"（China National Commission for Biodiversity Conservation），负责统筹协调国内生物多样性保护和国际履约。2023 年，该委员会优化调整为"国务院加强生物多样性保护工作协调机制"（以下简称生物多样性协调机制），负责组织领导和统筹协调生物多样性保护工作。该协调机制旨在统筹协调解决生物多样性保护涉及的重大问题，指导实施生物多样性保护重大工程，指导、协调履行《生物多样性公约》有关重大工作，推动《昆明—蒙特利尔全球生物多样性框架》落实。

生物多样性协调机制由 13 个成员单位组成，包括财政部、自然资源部、生态环境部、住房和城乡建设部、农业农村部、海关总署、中国科学院、国家林草局、国家中医药局等部门，由生态环境部负责协调机制日常工作。

生物多样性协调机制通过跨部门高级别参与，建立年度计划与报告制度、全体会议和专题协商制度等，强化了生物多样性保护顶层设计、规划执行和部门主流化，有利于协调各部门生物多样性保护与监管职责，推动部门间权责交叉问题灵活解决，提高生物多样性治理效能。

6.4.2　河长制：水生态系统保护修复监管的机制创新

中国以河长为中心的组织形式，构建了责任明确、协调有序、监管严格、保护有力的河湖管理保护机制。行政区域设总河长，作为本行政区域第一责任人，对河湖保护与监管负总责；河湖分级分段设河长，是直接责任人。2016 年 12 月，中共中央办公厅、国务院办公厅印发《关于全面推行河长制的意见》，以政府文件形式正式确立了河长制。我国 31 个省（区、市）全部设立党政双总河长。

一是纵向到底与横向到边并存。中央政府与地方政府之间是纵向到底：中央政府对河长制进行了顶层设计和整体布局，发布文件、统一管理、监督检查、考核评价；地方政府具体执行河长制相关的政策，多省根据自身情况分别确立了省、市、县、乡、村五级河长。行政部门之间是横向到边：很多地方政府成立了河长制办公室，作为具体办事机构，并将水生态保护与治理相关职能部门，包括水利、农业农村、生态环境、自然资源、公安、财政等多个行政部门纳入成员单位，构建统一性、整合性的组织机构体系。

二是条块结合，垂直管理与地方管理并存。河长制办公室既按归口原则接受上级水行政部门的指导，又按属地原则接受地方党委和政府的领导，在河湖生态保护与治理工作中充分考虑了管理的层级性和属地性特征，从而能够加强统筹协调。

三是区域协同，流域管理与地域管理并存。基于河流与流域特征，推动河长制属地管理与河流跨区域的片区管理相结合，有的地方在河流的上下游、左右岸建立了联防联控机制，共同治理河湖生态环境[1]。

在具体实践中，河长制逐步发展完善为河（湖）长制，并被森林、农田、海洋等其他生态系统监管部门借鉴，发展出林长制、田长制、湾长制等类似机制。

---

[1] 严丽娟. 国家治理视角下的河长制研究 [J]. 水利发展研究，2022, 22 (1) : 24-29.

第七章　中国生态保护修复监管制度体系

　　我国在生态环境保护领域基本构建了"1+4+N"法律体系[1]，制度层面涉及生态保护红线制度、生物多样性保护制度、生态环境损害赔偿制度、生态保护补偿制度等。与此同时，生态保护修复监管的标准体系也同步健全，包括监测、调查、评估等多个方面。

7.1　法律法规体系

　　在我国全面依法治国战略布局总体框架下，法律授权是强化生态保护修复监管的基础。在推进人与自然和谐共生的进程中，我国逐步建立起了系统完善的法律法规体系。

7.1.1　法律体系

　　"1"为《中华人民共和国环境保护法》，发挥基础和综合性保障作用；"4"为《中华人民共和国长江保护法》《中华人民共和国黄河保护法》《中华人民共和国青藏高原生态保护法》和《中华人民共和国黑土地保护法》等区域法，针对特殊地理、特定区域或流域的生态环境进行立法保护；"N"包括水、土壤、大气等传统环境保护领域的法律以及森林、草原、湿地、海洋等自然保护的法律，如《中华人民共和国

---

[1] 栗战书. 全国人民代表大会常务委员会工作报告 [N]. 人民日报，2023-03-16.

水污染防治法》《中华人民共和国土壤污染防治法》《中华人民共和国大气污染防治法》《中华人民共和国森林法》《中华人民共和国草原法》《中华人民共和国生物安全法》《中华人民共和国湿地保护法》《中华人民共和国海洋环境保护法》等 30 余部。

生态保护修复监管法律体系为全方位、全地域、全过程加强我国生态环境保护提供了更为坚强的法律保障，有力促进了生态环境保护发生历史性、转折性、全局性变化[1]。这些法律集中体现了"绿水青山就是金山银山"的理念，体现了"以最严格制度最严密法治保护生态环境"的重要要求，重塑了生态环境保护领域法律的面貌，由此开启了生态环境保护领域法律全面升级的新时代[2]。

7.1.2 行政法规体系

我国配套完善了生态环境保护行政法规体系，在生态空间保护、生物资源保护与可持续利用以及农林牧渔生产等重要领域，不断出台强化生态保护修复监管的相关法规，为生态保护修复监管提供了更为具体详细的行政法规保障。

在生态空间保护方面。国务院于 2016 年修订了《风景名胜区条例》，加强了对风景名胜区的管理，强化了风景名胜资源的有效保护和合理利用；于 2017 年修订了《中华人民共和国自然保护区条例》，强化了自然保护区的建设和管理；于 2018 年修订了《防治海洋工程建设项目污染损害海洋环境管理条例》，加强了对海洋工程建设项目污染损害海洋环境的防治，强化了对海洋生态平衡的维护和对海洋资源的保护。

在生物资源保护与可持续利用方面。国务院于 2016 年修订了《中华人民共和国陆生野生动物保护实施条例》，强化了对陆生野生动物的保护；于 2017 年修订了《中

---

[1] 吕忠梅 . 环境法治建设十年回顾与环境法典编纂前瞻 [J]. 北京航空航天大学学报（社会科学版），2023，36（1）：18-31.
[2] 于浩 . 绿水青山的法治守望——中国特色社会主义生态环保法律体系初步形成 [J]. 中国人大，2022（12）：24-26.

华人民共和国野生植物保护条例》，加强了野生植物资源的保护与合理利用，强化了对生物多样性的保护和生态平衡的维护；于 2019 年修订了《中华人民共和国濒危野生动植物进出口管理条例》，加强了对濒危野生动植物及其产品的进出口管理，强化了野生动植物资源的保护和合理利用，促进了《濒危野生动植物种国际贸易公约》的履行。

农林牧渔生产领域。国务院于 2017 年修订了《农业转基因生物安全管理条例》，加强了农业转基因生物安全管理，强化了人体健康和动植物、微生物安全的保障以及生态环境的保护，促进了农业转基因生物技术的研究；于 2018 年修订了《中华人民共和国森林法实施条例》，强化了森林生态系统的保护和合理利用。

7.2　主要制度

我国逐步加强生态保护修复监管制度建设，强化统一监管，严格对所有者、开发者乃至监管者的监管。通过优化国土空间开发保护格局、加强生物多样性保护等制度建设，构建科学、规范的生态保护修复监管体系。

7.2.1　生态环境分区管控

生态环境分区管控是以保障生态功能和改善环境质量为目标，实施分区域差异化精准管控的环境管理制度，是提升生态环境治理现代化水平的重要举措。从 20 世纪 80 年代开始，我国逐步建立生态、水、大气等单要素分区分类管理体系，划定了生态保护红线。自 2017 年开始，生态环境部按照试点先行、示范带动、梯次推进、全域覆盖的思路，指导开展"三线一单"（生态保护红线、环境质量底线、资源利用上线和生态环境准入清单）生态环境分区管控方案编制和发布工作。2021 年 11 月，生态环境部印发《关于实施"三线一单"生态环境分区管控的指导意见（试行）》，明确了"三线一单"生态环境分区管控更新调整、跟踪评估、共享共用各个环节的管理要求。2024 年 3 月，中共中央办公厅、国务院办公厅印发《关于加强生态环境分区管控的意见》，推动生态环境单元化、精准化、差异化高水平治理，促进经济社会绿色低碳高质量发展。2024 年 7 月，生态环境部印发《生态环境分区管控管理暂行规定》，从方案制订发布、实施应用、调整更新、数字化建设、跟踪评估、监督管理等多个方面提出具体要求，进一步完善全域覆盖的生态环境分区管控体系。同时，《生态环境分区管控技术指南　总纲》《生态环境分区管控信息平台建设指南》等一系列相关标准陆续颁布，为生态环境分区管控制度的具体落实提供操作指引。

截至 2024 年底，生态环境部已推动建立了以"二三一"为标志的生态环境分区管控体系。"二"是"两级方案"，指的是分省、市两级制订生态环境分区管控方案。"三"是"三类单元"，包括优先保护、重点管控和一般管控三类单元；全国已经划定 44 604 个生态环境管控单元，基本实现了全域覆盖。"一"是"一张清单"，针对每个生态环境管控单元，编制"一单元一策略"的差别化准入清单。

7.2.2　自然保护地及生态保护红线等重要生态空间管控

自然保护地是生态保护修复的核心载体、美丽中国的重要象征，是最为重要的生态空间。我国持续加强自然保护地监管，定期组织开展人类活动遥感监测和核查，做到问题早发现、案件早查处、隐患早排除。2020 年 12 月，生态环境部印发《自然保护地生态环境监管工作暂行办法》，从规划监督、设立和调整监督、生态环境监测、人类活动遥感监测、生态环境保护成效评估、强化监督、督办制度、综合行政执法等多个方面全面构建自然保护地生态环境监管各项基本制度。生态环境部连续 7 年开展"绿盾"自然保护地强化监督，共发现并查处 5000 多个生态破坏重点问题。截至 2023 年底，国家级自然保护区重点问题整改完成率已达 99.1%，实现人为干扰数量和面积明显"双下降"，基本扭转了侵占破坏自然保护地生态环境的趋势[1]。

生态保护红线是指生态功能极重要、生态极脆弱，以及具有潜在重要生态价值，必须强制性严格保护的区域。我国率先提出和实施生态保护红线制度，将生态功能极重要、生态极脆弱以及具有潜在重要生态价值的区域划入生态保护红线，制定生态保护红线管控规则，严格生态保护红线监管，实现一条红线管控重要生态空间。2022年12月，生态环境部印发《生态保护红线生态环境监督办法（试行）》，明确了生态保护红线生态环境监督制度安排和具体工作要求，规范了生态环境部门生态保护红线生态环境监督工作。生态环境部建立了生态保护红线监管平台，并不断提升主动发现人为破坏活动的遥感监测能力；建立"监控发现—移交查处—督促整改—上报销号"常态化监管工作机制，实现生态破坏问题闭环管理，基本扭转了侵占破坏重要生态空间的趋势。国家生态保护红线监管平台运行思路如图 7-1 所示。

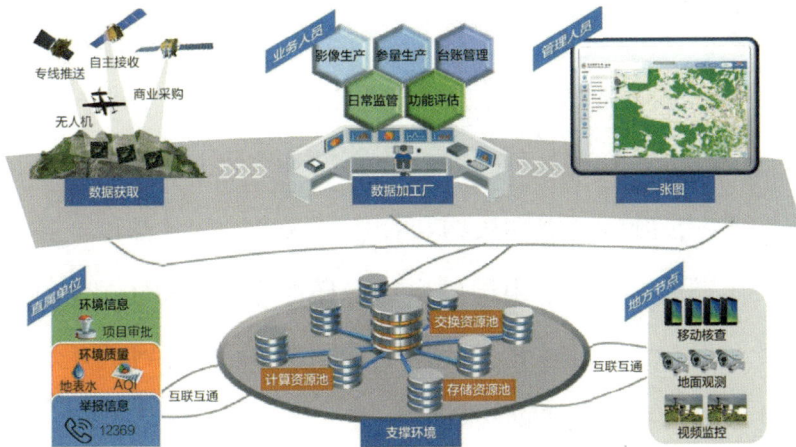

图 7-1 国家生态保护红线监管平台运行思路[2]

[1] 张玉军. 生态环境部 5 月例行新闻发布会答问实录 [EB/OL]. https://www.mee.gov.cn/ywdt/xwfb/202405/t20240530_1074457.shtml.

[2] 高吉喜，肖桐，申文明. 国家生态保护红线监管平台建设现状、特点与监管能力提升建议 [J]. 环境保护, 2023, 51 (Z1): 14-17.

7.2.3　生物多样性保护

作为最早签署和批准《生物多样性公约》的国家之一，我国高度重视生物多样性保护工作，并将生物多样性保护融入生态文明建设全过程。2010年，国务院常务会议审议通过了《中国生物多样性保护战略与行动计划（2011—2030年）》，划定了35个生物多样性保护优先区域，提出10个优先领域和30个优先行动。2021年，中共中央办公厅、国务院办公厅印发《关于进一步加强生物多样性保护的意见》，明确了进一步加强生物多样性保护的新目标、新任务。2024年1月，我国更新发布了《中国生物多样性保护战略与行动计划（2023—2030年）》，提出国家"3030"目标和保护优先行动，成为"昆蒙框架"通过后首个完成战略行动计划更新的发展中国家。该行动计划部署了生物多样性主流化、应对生物多样性丧失威胁、生物多样性可持续利用与惠益分享、生物多样性治理能力现代化4个优先领域，每个优先领域下设6～8个优先行动，广泛涵盖法律法规、政策规划、执法监督、宣传教育、社会参与、调查监测评估、保护恢复、生物安全管理、生物资源可持续管理、生态产品价值实现、城市生物多样性、惠益分享、气候与环境治理、投融资、国际履约与合作等内容，为各部门、各地区推进生物多样性保护工作提供了指引。中国的生物多样性保护取得了显著成效，90%的陆地生态系统类型和74%的国家重点保护野生动植物种群得到了有效保护，大熊猫、藏羚羊等一批珍稀动物实现"降级"[1]。

7.2.4　生态环境损害赔偿

建立健全生态环境损害赔偿制度是生态文明体制改革的重要组成部分，以"环

---

[1] 数据来源：生态环境部部长黄润秋在2024年国际生物多样性日宣传活动上的讲话。

境有价、损害担责"为基本原则，以及时修复受损生态环境为重点，是切实维护人民群众环境权益的坚实制度保障。我国自 2015 年开始部署生态环境损害赔偿制度，2016 年在全国 7 省（市）试点，2018 年在全国全面试行。在中央和地方的共同努力推进下，生态环境损害赔偿制度有关规定已纳入《中华人民共和国民法典》《中华人民共和国长江保护法》等 7 部专项法律中。2022 年 5 月，生态环境部等 11 个相关部门共 14 家单位印发《生态环境损害赔偿管理规定》，明确了部门任务分工、地方党委和政府职责，对案件线索筛查、案件管辖、索赔启动等重点工作环节做出了明确细化的规定，完善鉴定评估机构建设等保障机制。生态环境部发布《生态环境损害鉴定评估技术指南　总纲和关键环节　第 1 部分：总纲》等六项国家标准，初步构建了覆盖全环境要素的生态环境损害鉴定评估技术体系。我国各地出台了 600 余项配套规定。2018—2023 年，我国共办理赔偿案件约 3.71 万件，赔偿金额超过 221.87 亿元，其中涉及生态破坏类案件约 1.11 万件，金额约 91 亿元[1]。

7.2.5　生态保护补偿

1998 年，以启动实施退耕还林还草等重点生态工程为标志，拉开了中国生态保护补偿的序幕。2016 年 5 月，国务院办公厅印发《关于健全生态保护补偿机制的意见》，提出生态保护补偿包括重点领域补偿、重点区域补偿和地区间补偿。2021 年 9 月，中共中央办公厅、国务院办公厅印发《关于深化生态保护补偿制度改革的意见》，清晰回答了"有效市场和有为政府"如何发挥合力，分类补偿与综合补偿如何统筹兼顾，纵向补偿与横向补偿如何协调推进，强化激励

---

[1] 数据来源：2024 年生态环境部部长黄润秋在全国自然生态保护工作会议上的讲话。

与硬化约束如何协同发力等生态保护补偿制度改革实践中不断表现出来的诸多难题。2024 年 6 月 1 日起施行的《生态保护补偿条例》明确生态保护补偿是指通过财政纵向补偿、地区间横向补偿、市场机制补偿等机制，对按照规定或者约定开展生态保护的单位和个人予以补偿的激励性制度安排。历经 20 多年的不懈努力与艰辛探索，我国已经建成了世界上覆盖范围最广、受益人口最多、投入力度最大的生态保护补偿机制。我国森林和草原约 50% 纳入补偿范围，1/3 的县域得到了重点生态功能区转移支付，21 个省（区、市）签订了跨省流域横向生态保护补偿协议，涉及 20 个跨省流域（河段）[1]。

中央财政在生态保护补偿方面承担着重要的职能。例如，中央财政设立重点生态功能区转移支付，包括重点补助、禁止开发区补助、引导性补助以及考核评价奖惩资金。根据生态功能重要性、财力水平等因素对转移支付对象实施差异化补助，体现差别、突出重点。健全生态环境监测评价和奖惩机制，激励地方加大生态环境保护力度，提高资金的使用效率。2013—2023 年，重点生态功能区转移支付资金，从 423 亿元增至 1 091 亿元，累计投入 7 900 亿元[2]。

7.2.6 生态环境保护绩效评价

建立党政领导干部生态环境保护绩效评价与问责制度，是我国生态文明建设的重要内容。2015 年，中共中央办公厅、国务院办公厅印发《党政领导干部生态环境损害责任追究办法（试行）》，提出了生态环境损害的追责主体、责任情形、追责形式、追责程序，以及终身追究制等规定。这是第一部明确针对领导干

---

[1] 王金南．全面开启生态补偿新篇章　保驾护航生态文明新征程 [EB/OL]．2024-05-20，https://www.ndrc.gov.cn/xxgk/jd/jd/202405/t20240520_1386364.html.
[2] 数据来源：2024 年 5 月 17 日财政部自然资源和生态环境司负责人邱东辉在国务院政策例行吹风会上的介绍。

部生态环境损害责任进行追究的专门法规，目的就是从根本上实现对领导干部权力的持续有效监督[1]。

2016 年，中共中央办公厅、国务院办公厅印发《生态文明建设目标评价考核办法》，建立了生态文明建设目标指标，将其纳入党政领导干部评价考核体系，这意味着，生态责任落实的好坏将成为政绩考核的必考题，为推动绿色发展和生态文明建设提供了坚强保障。从 2018 年起，领导干部自然资源资产离任审计由试点阶段进入全面推开阶段，标志着一项全新的、经常性的审计制度正式建立。全面推行林长制、河长制等，逐级压实党政领导干部生态环境保护责任。

对自然保护地、生态保护红线等重要生态空间保护成效进行评估，是生态环境保护绩效评价的重要组成部分。近年来，生态环境部印发《自然保护地生态环境监管工作暂行办法》《自然保护区生态环境保护成效评估标准（试行）》《国家级自然保护区生态环境保护成效评估工作方案（2022—2026 年）》等，推动建立各级各类自然保护地多尺度生态环境监测和评估体系。截至 2024 年，我国绝大部分省份的国家级自然保护区已完成生态环境保护成效评估。以黄河流域为例，评估结果表明，该流域国家级自然保护区状况总体变好，31 处保护区生态环境变化趋势明显向好；普氏野马、丹顶鹤等珍稀濒危动物种群数量有所增加；82.76% 的国家级自然保护区景观破碎化现象有所缓解；森林、草地等植被覆盖度总体上明显提升，植被覆盖度均超 20%；75.86% 的国家级自然保护区地表水水质维持在Ⅱ类及以上；94.83% 的国家级自然保护区核心区和缓冲区外来入侵物种入侵度保持稳定或有所减少。

我国定期组织开展生态保护红线生态状况评估。截至 2023 年底，我国已开

---

[1] 张蒙，殷培红. 生态保护修复，如何做到全过程监管？我国生态保护修复监管制度框架基本形成[EB/OL].（2023-05-15）. http://m.toutiao.com/group/7233311152699834917/?upstream_biz=doubao.

展了北京、河北、湖北、江西、宁夏、陕西、上海、重庆等 8 个省（市、区）生态保护红线生态保护成效评估。以北京为例，评估结果显示，2022 年调整后的生态保护红线面积比例显著增加，生态修复工程得到有序实施，自然生态用地面积比例基本保持稳定，生态功能增加较为显著。

7.3　标准体系

生态环境标准是提升生态保护修复监管科学化、精准化水平的技术基础。近年来，中国不断健全国家—部门—地方三级标准体系，逐步拓展生态保护修复标准覆盖领域。

7.3.1　国家标准

目前，国家层面已围绕生态保护和管理相关的调查、监测和评价，制定技术规范、指南、导则、方法等 110 余项。

（1）在生态系统评估方面，制定了《生态系统评估生态系统格局与质量评价方法》（GB/T 42340—2023）、《生态系统评估陆地生态资产核算技术指南》（GB/T 43677—2024）、《生态系统评估生态系统服务评估方法》（GB/T 43678—2024）、《生态系统评估陆地生态退化评估方法》（GB/T 43680—2024）、《生态系统评估区域生态系统调查方法》（GB/T 43681—2024）、《森林生态系统服务功能评估规范》（GB/T 38582—2020）、《城市生态系统综合评估指标体系及计算方法》（GB/T 43235—2023）等。

（2）在生态风险评估方面，制定了湿地（GB/T 27647—2024）和城市（GB/T 43236—2023）生态风险评估技术规范或指南，江河生态安全评估技术指南（GB/T 43474—2023），生态安全港建设的生态风险因子分类、识别与控制（GB/T 35997—

2018），以及水生态（GB/T 43476—2023）和近岸海洋生态（GB/T 42631—2023）健康评价技术指南。

（3）在生态环境损害鉴定评估方面，制定了总纲（GB/T 39791.1—2020）和损害调查（GB/T 39791.2—2020）、恢复效果评估（GB/T 39791.3—2024）、土壤生态环境基线调查和确定（GB/T 39791.4—2024）等关键环节，土壤和地下水（GB/T 39792.1—2020）、地表水和沉积物（GB/T 39792.2—2020）等环境要素，森林（环法规〔2022〕48 号）、农田（GB/T 43871.1—2024）等生态系统，大气（GB/T 39793.1—2020）、水（GB/T 39793.2—2020）污染虚拟治理成本法等基础方法。

（4）在生态修复方面，围绕矿产和能源开发后的土地复垦和生态修复，制定了金属矿（GB/T 43933—2024）、煤矿（GB/T 43934—2024）、石油天然气（GB/T 43936—2024）等领域土地复垦与生态修复技术规范，以及矿山土地复垦与生态修复监测评价技术规范（GB/T 43935—2024）、采矿沉陷区生态修复技术规程（GB/T 42251—2022）等。围绕生态系统保护修复，制定了红树林（GB/T 44592—2024）、海草床（GB/T 41339.4—2023）、珊瑚礁（GB/T 41339.2—2022）等保护修复技术指南，以及天然林保护修复生态效益评估指南（GB/T 44590—2024）、海洋底栖动物种群生态修复监测和效果评估技术指南（GB/T 42642—2023）等。

7.3.2　行业标准

截至 2024 年，各部门已围绕生态系统或生物多样性调查、监测、评估等管理和监管出台相关标准近 300 项。其中，林草、生态环境和农业部门分别占 56.2%、20.7% 和 5.7%，其他部门占 17.4%。

（1）生态环境部门已制定生态保护修复监管相关技术规范 62 项，主要涉及生态保护红线监管、全国生态状况调查评估、近岸海域环境监测、水生态监测、生态环境档案管理、矿山生态环境保护与恢复治理等方面。

（2）林草部门已制定关于保护地管理以及生态系统和物种相关的调查、监测和评估的技术规程、导则等 168 项，覆盖了森林、草原、湿地、荒漠、沙地、戈壁、岩溶石漠、城市等生态系统，涉及生态状况评价、生态修复、定位观测、研究站建设等内容。其中，自然保护区管理相关指南、导则和技术标准等达 22 项，涉及保护区管理计划编制、生物多样性调查、生物多样性保护价值评估、保护成效评估、自然生态质量评价、生态旅游管理评价和设施建设内容。

（3）农业部门已出台生态保护相关导则、指南和技术规范 17 项，主要包括农田景观生物多样性保护、生态茶园建设、生态稻田建设、生态农场评价、草原生态牧场管理、渔业生态环境监测等。

（4）其他部门出台生态保护管理相关标准主要涉及海洋和近岸海域生态监测与健康评价、河湖生态保护修复、水电工程相关生态保护修复等。

7.3.3　地方标准

以生态保护、修复、恢复等关键词，从全国标准信息公共服务平台检索发现，中国各省（区、市）已制定相关标准 946 项。其中，标准数量较为领先的前 10 个省（区、市）为江苏、河北、山东、浙江、湖北、安徽、广西、云南、内蒙古和北京，在标准数量上贡献了地方总数的 58.6%（图 7-2）。

生态保护修复是各省（区、市）关注的主要方向，出台相关规范、规程、导则等 106 项。标准数量排名前三的省（区）为内蒙古、河北和安徽，分别为 14 项、10 项和 10 项，主要针对人工湿地、城市湖泊、退化草原、天然次生林等生态系统以及露天煤矿、采石场等场地开展生态修复及成效评估。

生态质量监测与评估是生态保护修复监管的重要环节。各省（区、市）出台生态质量、生态健康和生态安全等监测评估相关技术规范、评价规范50余项。标准数量领先的省（市）为北京和云南。北京市建立了生态环境质量监测评价技术体系，包括湿地生态质量评估、水生态健康评价、森林生态系统健康评价、河流和湖库水生态环境质量监测、山区河流生态监测、生态质量监测网络建设、生态质量遥感监测、园林绿化生态系统监测网络建设等技术规范。云南省制定了一套湿地生态监测标准体系，涵盖了湿地类型与分布、植被、植物、动物、环境及保护状况等方面。

　　生态系统价值评估是生态保护监管的重要手段。山东、新疆、河北、黑龙江、浙江、广西、辽宁、江西、贵州、北京、海南、甘肃等省（区、市），以及丽水、深圳、南京、黄山、盐城、厦门、信阳、黄山、东营、扬州等市先行先试，出台生态系统生产总值（GEP）、生态产品价值、生态系统服务价值评估等核算规范、技术导则、应用指南等35项，指导开展生态产品价值核算，为生态产品价值转化和区域生态补偿提供了基础。

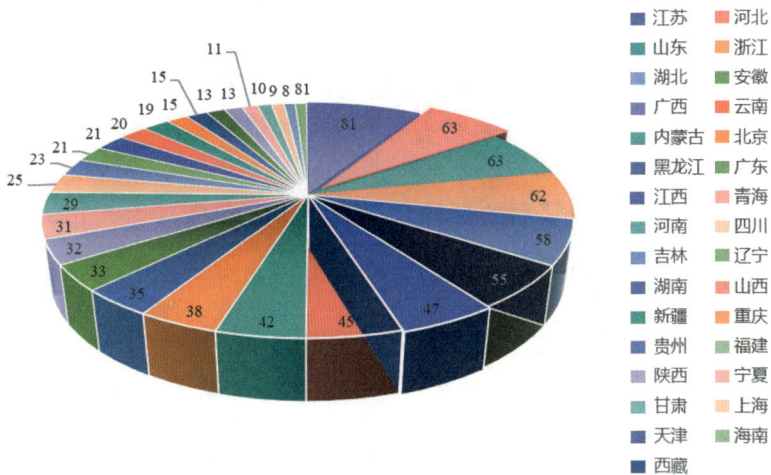

图7-2　各省级行政区生态保护标准数量[1]

[1] 数据来源：本书编写组以生态保护、修复、恢复等关键词，从全国标准信息公共服务平台检索估算得出。

7.4 典型案例

7.4.1 中央生态环境保护督察

中央生态环境保护督察是我国生态环境领域的重大制度创新，规格高、力度大，查处了一批破坏生态环境的重大典型案件，解决了一批人民群众反映强烈的突出环境问题。2015 年，中央审议通过《环境保护督察方案（试行）》，正式启动督察制度。2019 年出台《中央生态环境保护督察工作规定》，首次以党内法规形式明确督察制度框架、程序规范、权限责任等。2022 年，出台《中央生态环境保护督察整改工作办法》，进一步推进督察整改工作的规范化、制度化，完善督察整改工作长效机制。

截至 2024 年 6 月，第一轮督察及"回头看"整改方案明确的 3294 项任务，完成率达 98%。第二轮督察整改方案明确的 2164 项任务，完成率超 79%。已公开 315 个典型案例，其中，2021 年以来，以"文字＋图片＋视频"方式公开曝光 159 个典型案例；有力压实了地方党委、政府及相关部门的生态环境保护责任，切实保障了公众知情权、参与权、监督权，推动解决了一大批群众身边生态环境问题。例如，甘肃省祁连山国家级自然保护区内 144 宗矿业权全部分类退出，42 座水电站完成分类处置，植被破坏、草原退化等问题得到缓解[1]。

作为中央生态环境保护督察的延伸和补充，中国各省（区、市）和新疆生产建设兵团均设置省级生态环境保护督察机构，结合各地实际开展省级督察工作，重点查实重大生态破坏问题并督促整改，从而切实加强生态保护修复。

---

[1]2024 年 8 月《民生周刊》记者对中央生态环境保护督察协调局有关负责人的专访，https://news.qq.com/rain/a/20240821A086PZ00.

7.4.2　地方政府生物多样性保护立法

《云南省生物多样性保护条例》为我国首部生物多样性保护的地方性法规，其开创了我国生物多样性保护立法的先河。该条例遵循保护优先、持续利用、公众参与、惠益分享、保护受益、损害担责等原则，结合云南生态系统、物种和遗传多样性特点以及保护面临的问题等，明确了各级政府和生态环境、林业、农业、水利、住房和城乡建设、自然资源、卫生等行政主管部门以及企业、公众等利益相关方的生物多样性保护职责，规定了在制定有关规划时应当与生物多样性规划或计划衔接；通过建立健全生物多样性调查、监测、评估和预警预报等制度，构建生物多样性保护长效机制。

第八章 中国生态保护修复监管手段

我国不断丰富和完善生态保护修复监管手段，同时确保各种监管手段行之有效。

8.1 法律手段

法律手段主要包括环境司法和行政执法，行政执法与环境司法衔接机制也不断完善。

8.1.1 环境司法

2024 年 8 月，最高人民法院发布的《中国法院环境资源审判十周年成果》指出，2014—2023 年，我国法院共审结各类环境资源一审案件 190.2 万件；其中，审结涉生物资源和生态系统保护一审案件 31.9 万件。2022 年 12 月，最高人民法院发布的《中国生物多样性司法保护》指出，我国法院共设立环境资源审判专门机构或组织 2 426 个，我国成为全球唯一建成覆盖全国各层级法院环境资源审判体系的国家；2013 年以来，各级法院共审结涉生物多样性保护一审案件 18.2 万件，全环节、全要素、全链条打击危害生物多样性的违法犯罪行为[1]。最高人民法院自 2017 年以来每年定期发布《中国环境司法发展报告》，2024 年 6 月发布的《中国环境司法发展报告（2023 年）》指出，全国司法系统坚持推动环境司法专门化、专业化稳定持续发展，加强环境司法机制、规则、理论同步化建设，切实提升环境司法效能，不断满足人民对美好生活的新期待，

---

[1] 中华人民共和国最高人民法院. 2022 年 12 月 5 日.《中国生物多样性司法保护》.

开启新征程上环境司法新局面[1]。

2023年6月，最高人民检察院发布的《生态环境和资源保护检察白皮书（2018—2022）》指出，2018—2022年，我国检察机关受理审查逮捕破坏环境资源保护犯罪案件6 5432件109 848人；受理审查起诉破坏环境资源保护犯罪案件209 957件353 223人；破坏环境资源保护犯罪的罪名相对集中在污染环境罪、非法捕捞水产品罪、非法采矿罪、非法占用农用地罪、非法狩猎罪、滥伐林木罪等，分别占受理案件总件数和人数的81.66%和82.88%[2]，基本实现了惩治犯罪与修复生态、纠正违法与源头治理、维护公益与促进发展的有机统一。

8.1.2　行政执法

2021年新修订的《中华人民共和国行政处罚法》规定："国家在城市管理、市场监管、生态环境、文化市场、交通运输、应急管理、农业等领域推行建立综合行政执法制度，相对集中行政处罚权。"2020年3月，国务院办公厅发布《关于生态环境保护综合行政执法有关事项的通知》，生态环境部随后印发《生态环境保护综合行政执法事项指导目录（2020年版）》，落实了统一实行生态环境保护执法要求，明确了生态环境保护综合行政执法职能。生态环境部于2021年发布《关于优化生态环境保护执法方式提高执法效能的指导意见》《关于加强生态环境保护综合行政执法队伍建设的实施意见》等文件，对于提升生态环境保护综合行政执法能力具有指导意义。2022年1月，生态环境部印发《"十四五"生态环境保护综合行政执法队伍建设规划》。2024年1月，生态环境部印发新修订的《生态环境行政执法稽查办法》，明确生态

---

[1] 中华人民共和国最高人民法院．2024年6月5日．最高人民法院发布《中国环境司法发展报告（2023年）》．
[2] 中华人民共和国最高人民检察院．2023年6月5日.《生态环境和资源保护检察白皮书（2018—2022）》.

环境保护综合执法队伍的主要职能是依法查处生态环境违法行为，依法开展污染防治、生态保护、核与辐射安全等方面的日常监督检查；将稽查内容规定为执行生态环境保护综合行政执法事项情况，实施现场检查、行政处罚、行政强制情况和执行生态环境执法相关政策制度情况等[1]。生态环境部定期公布生态环境执法典型案例，2022 年 1 月—2024 年 12 月，已公布 23 批共计 134 起生态环境执法典型案例，充分发挥了警示震慑作用。

8.1.3　行政执法与环境司法衔接机制

行政执法与环境司法衔接机制可以确保二者之间既能互不干扰，又能高效转换，从而更有力地实施生态保护修复监管。生态环境部门与公安机关、检察机关、审判机关的信息共享、案情通报、案件移送工作制度不断完善，对重大、疑难案件加强沟通会商，开展联合督导督办。我国建立了公益诉讼检察与行政执法信息共享机制，健全了生态环境损害赔偿磋商、司法确认与诉讼衔接机制。最高人民检察院、生态环境部、公安部多次联合举办全国生态环境保护行政执法与环境司法衔接工作培训，统一执法司法尺度，不断加大对相关犯罪的惩治力度，坚持上下一体、内外联动，打好生态环境协同保护"组合拳"[2]。

8.2　行政手段

行政许可、行政确认、备案、监督检查、监测评估、行政奖励和行政处罚等生态保护修复监管行政手段能够有效规范人们在生产生活过程中的生态环境保护行

---

[1] 中华人民共和国生态环境部．生态环境部生态环境执法局有关负责人就《生态环境行政执法稽查办法》答记者问．2024 年 1 月 7 日．
[2] 检察日报·检察新闻版，最高人民检察院．2024-05-30．聚焦生态环境保护行刑衔接，三部门联合培训．

为，及时发现和遏制各类生态破坏问题。

8.2.1 行政许可

生态环境行政许可是指生态环境行政执法主体依当事方申请，就可能对环境产生消极影响的开发建设或排污行为进行审查并决定是否给予许可的一种具体行政行为。为规范和加强生态环境领域行政许可事项清单管理，生态环境部于 2023 年 2 月制定了《生态环境领域行政许可事项实施规范》，持续优化了生态环境领域行政审批监管机制。2023 年，国务院办公厅公布《法律、行政法规、国务院决定设定的行政许可事项清单（2023 年版）》，其中生态环境部主管一般建设项目环境影响评价审批、海洋工程建设项目环境影响评价审批、排污许可、辐射安全许可等 41 项行政许可事项[1]。

8.2.2 行政确认

生态环境行政确认是指生态环境部门对某些行为或活动进行确认的过程，以确保其符合生态环境保护的相关规定和标准。生态环境行政确认的主要目的是确保企业或单位在实施清洁生产审核等行为时符合相关标准和规定，遵循正确的程序和方法，从而减少环境污染，提高资源利用效率，促进环境保护和可持续发展。生态环境部主管海洋倾倒区管理[2]、环保用微生物菌剂环境安全管理[3]等多项行政确认事项。

8.2.3 备案

生态环境备案是指企业、事业单位或其他生产经营者将自身的环保相关信息提交

---

[1] 中华人民共和国中央人民政府 . 2023 年 3 月 16 日 . 国务院办公厅关于公布《法律、行政法规、国务院决定设定的行政许可事项清单（2023 年版）》的通知 .
[2] 中华人民共和国生态环境部 . 2021 年 3 月 4 日 . 关于发布 2021 年全国可继续使用倾倒区和暂停使用倾倒区名录的公告 .
[3] 中华人民共和国生态环境部 . 2010 年 5 月 1 日 . 进出口环保用微生物菌剂环境安全管理办法 .

给生态环境部门进行备案，以便生态环境部门掌握企业的环保状况和措施，确保其遵守生态环境保护法规，防止和减少环境污染与生态破坏。《中华人民共和国环境影响评价法》规定：国家对环境影响登记表实行备案管理，在项目建设、运行过程中产生不符合经审批的环境影响评价文件情形的，建设单位应当组织环境影响的后评价，采取改进措施，并报原环境影响评价文件审批部门和建设项目审批部门备案。具体包括：生态环境部主管对地方环境质量标准和污染物排放标准的备案[1]、对防治海洋工程污染损害海洋环境应急预案的备案[2]等多项备案事项。

8.2.4　监督检查

国家和地方生态环境部门统筹推进生态保护监督检查，能够及时发现和遏制各类生态破坏问题。中国实行中央和省、自治区、直辖市两级生态环境保护督察制度。[3]

为履行中央赋予的统一监管生态保护修复职责，生态环境部严格落实中央生态环境保护督察制度、生态保护监督执法制度和重点领域生态保护修复监管制度，组织实施"绿盾"自然保护地强化监督。2017—2021年，全国共开展了5轮次"绿盾"国家级自然保护区监督检查专项行动，为牢固构筑国家生态安全屏障发挥了重要作用[4]。此外，为加强生态保护红线生态环境监督，严守生态保护红线，生态环境部于2022年12月制定并印发《生态保护红线生态环境监督办法（试行）》，为开展生态保护红线生态环境监督工作提供规范指导。

---

[1] 中华人民共和国生态环境部. 2010年3月1日. 地方环境质量标准和污染物排放标准备案管理办法.
[2] 中华人民共和国生态环境部. 2018年3月19日. 防治海洋工程建设项目污染损害海洋环境管理条例.
[3] 中共中央 国务院印发《生态环境保护督查工作条例》，2025年5月12日.
[4] 张蒙，殷培红. 生态保护修复，如何做到全过程监管？我国生态保护修复监管制度框架基本形成[EB/OL]. （2023-05-15）. http://m.toutiao.com/group/7233311152699834917/?upstream biz=doubao.

8.2.5　监测评估

我国不断加强生态保护修复监测评估工作，及时、全面掌握全国和区域生态状况变化及趋势。2021 年，生态环境部发布《全国生态状况调查评估技术规范——生态系统遥感解译与野外核查》等 11 项国家生态环境标准，涵盖森林、草原、湿地、荒漠等生态系统，包括生态系统格局评估、生态系统质量评估、生态系统服务功能评估、生态问题评估等多个类型，为生态系统保护修复成效评估提供了规范化、标准化的依据。2021年 11 月，生态环境部发布《自然保护区生态环境保护成效评估标准（试行）》，规定了自然保护区生态环境保护成效评估的原则、周期、方法、流程、指标体系和评分标准等，规范了自然保护区生态环境保护成效评估工作，有助于从整体上提升自然保护区的保护效果。2020 年，生态环境部发布《关于加强生态保护监管工作的意见》（环生态〔2020〕73 号）明确，"全国生态状况遥感调查评估每五年开展一次；选择的每个重点区域流域生态状况调查评估完成时限原则上为一年；生态保护红线生态状况遥感调查评估每年开展一次；国家级自然公园人类活动遥感监测评估每年开展一次，国家级自然保护区、国家公园人类活动遥感监测评估每半年完成一次，地方可根据实际开展地方级自然保护地人类活动遥感监测评估；县域重点生态功能区评估每年完成一次"[1]。

8.2.6　行政奖励

行政奖励可以有效激励社会公众参与生态保护修复的积极性。为强化社会监督，鼓励公众参与，依法惩处生态环境违法行为，保障群众环境权益，2020 年 4 月，生态环境部发布《关于实施生态环境违法行为举报奖励制度的指导意见》（环办执法〔2020〕8 号）

---

[1] 张蒙，殷培红. 生态保护修复，如何做到全过程监管？我国生态保护修复监管制度框架基本形成 [EB/OL]. (2023-05-15). http://m.toutiao.com/group/7233311152699834917/?upstream_biz=doubao.

指出："要建立并组织实施好生态环境违法行为举报奖励制度，充分发挥举报奖励的带动和示范作用，鼓励各地在现有工作基础上，因地制宜，注重物质奖励与精神奖励相结合。"

生态保护补偿制度属于行政奖励，是落实生态保护权责、调动各方参与生态保护积极性的重要手段，可以促进生态保护者和受益者良性互动。2016 年，国务院办公厅印发的《关于健全生态保护补偿机制的意见》。2021 年，中共中央办公厅、国务院办公厅印发《关于深化生态保护补偿制度改革的意见》指出，"通过健全有效市场和有为政府更好结合、分类补偿与综合补偿统筹兼顾、纵向补偿与横向补偿协调推进、强化激励与硬化约束协同发力的生态保护补偿制度，促进生态保护者和受益者良性互动"[1]。

8.2.7　行政处罚

为了规范生态环境行政处罚，监督和保障生态环境主管部门依法实施行政处罚，保护公民、法人或者其他组织的合法权益，生态环境部于 2023 年 4 月印发新修订的《生态环境行政处罚办法》，主要涉及对违反环境保护法律、法规的行为进行处罚的相关规定，规范了生态环境行政处罚的实施，明确了生态环境行政处罚的种类。

生态环境损害赔偿制度属于行政处罚，其制度体系已基本完善。2015 年，中共中央办公厅、国务院办公厅印发《生态环境损害赔偿制度改革试点方案》；2017 年，中共中央办公厅、国务院办公厅印发《生态环境损害赔偿制度改革方案》；2020 年，生态环境部等 11 个部门印发《关于推进生态环境损害赔偿制度改革若干具体问题的意见》；2021 年，《中华人民共和国民法典》明确规定了生态环境损害赔偿责任；

---

[1] 张蒙，殷培红. 生态保护修复，如何做到全过程监管？我国生态保护修复监管制度框架基本形成 [EB/OL]. (2023-05-15). http://m.toutiao.com/group/7233311152699834917/?upstream_biz=doubao.

2022 年，生态环境部联合最高人民法院、最高人民检察院和科技部、公安部等部门印发《生态环境损害赔偿管理规定》[1]，规范了生态环境损害赔偿工作，有利于推进生态文明建设，建设美丽中国。

8.3   市场手段

绿色金融、生态产品价值转化激励和生态资源权益交易等市场手段扩大了生态保护修复的资金来源和社会支持范围，促使生态保护修复形成一套自我维持、良性循环的机制。

8.3.1   绿色金融

2016 年，中国人民银行等七部委联合发布《关于构建绿色金融体系的指导意见》，标志着中国绿色金融的框架体系逐步形成，其中将绿色金融定义为"支持环境改善、应对气候变化和资源节约高效利用的经济活动"，即对环保、节能、清洁能源、绿色交通、绿色建筑等领域的项目投融资、项目运营、风险管理等所提供的金融服务。经过多年实践探索，绿色金融支持绿色发展的资源配置、风险防范和价格发现"三大功能"正在显现，我国绿色金融体系建设取得明显成效，形成以绿色贷款、绿色债券为主的多层次多元化绿色金融市场，为服务实体经济绿色低碳发展提供了强大动力。截至2024 年 6 月，我国绿色贷款余额 34.76 万亿元，绿色债券累计发行 3.71 万亿元[2]。2021 年 11 月，国务院办公厅《关于鼓励和支持社会资本参与生态保护修复的意见》指出，要"推动绿色基金、绿色债券、绿色信贷、绿色保险等加大对生态保护修复的

---

[1] 张蒙，殷培红. 生态保护修复，如何做到全过程监管？我国生态保护修复监管制度框架基本形成 [EB/OL]. (2023-05-15). http://m.toutiao.com/group/7233311152699834917/?upstream_biz=doubao.

[2] 人民日报，绿色金融助力经济社会高质量发展（财经眼·深入推进绿色低碳发展）. 2024 年 10 月 3 日，第 5 版.

投资力度"。2024 年 10 月，中国人民银行、生态环境部、金融监管总局、中国证监会联合印发《关于发挥绿色金融作用 服务美丽中国建设的意见》，从加大重点领域支持力度、提升绿色金融专业服务能力、丰富绿色金融产品和服务、强化实施保障四个方面提出 19 项重点举措[1]。

8.3.2　生态产品开发激励

中共中央办公厅、国务院办公厅于 2021 年 4 月印发的《关于建立健全生态产品价值实现机制的意见》指出，要健全生态产品经营开发机制，推进生态产品供需精准对接，扩大经营开发收益和市场份额；拓展生态产品价值实现模式，加快培育生态产品市场经营开发主体，推进相关资源权益集中流转经营；促进生态产品价值增值，鼓励将生态环境保护修复与生态产品经营开发权益挂钩，鼓励实行农民入股分红模式，保障参与生态产品经营开发的村民利益。

2021 年，国务院办公厅发布的《关于鼓励和支持社会资本参与生态保护修复的意见》指出，要进一步促进社会资本参与生态建设，加快推进山水林田湖草沙一体化保护和修复。鼓励和支持社会资本参与生态保护修复项目投资、设计、修复、管护等全过程，围绕生态保护修复开展生态产品开发、产业发展、科技创新、技术服务等活动，对区域生态保护修复进行全生命周期运营管护。

2024 年 5 月，国家发展改革委印发了《首批国家生态产品价值实现机制试点名单》，确定北京市延庆区等 10 个地区为首批国家生态产品价值实现机制试点，浙江省丽水市、江西省抚州市继续开展试点工作。要求各地加快完善生态产品价值实现机制，及时总结报送本地区生态产品价值实现有效路径、成功经验和典型案例。

---

[1] 央视网，2024 年 10 月 12 日，中国人民银行等四部门印发《关于发挥绿色金融作用 服务美丽中国建设的意见》.

8.3.3　生态资源权益交易

2021 年，中共中央办公厅、国务院办公厅《关于建立健全生态产品价值实现机制的意见》指出，要推动生态资源权益交易，鼓励通过政府管控或设定限额，探索绿化增量责任指标交易、清水增量责任指标交易等方式，合法合规开展森林覆盖率等资源权益指标交易。健全碳排放权交易机制，探索碳汇权益交易试点。健全排污权有偿使用制度，拓展排污权交易的污染物交易种类和交易地区。探索建立用能权交易机制。探索在长江、黄河等重点流域创新完善水权交易机制[1]。2023 年 7 月，习近平总书记在全国生态环境保护大会上强调："将碳排放权、用能权、用水权、排污权等资源环境要素一体纳入要素市场化配置改革总盘子，支持出让、转让、抵押、入股等市场交易行为。"

2011 年 10 月，国家发展改革委办公厅下发《关于开展碳排放权交易试点工作的通知》，批准率先在北京、天津、上海、重庆、湖北、广东、深圳"两省五市"开展试点工作，标志着碳交易从规划走向实践。2017 年 12 月，国家发展和改革委员会发布《全国碳排放权交易市场建设方案（发电行业）》，全国碳市场全面启动。2020 年 12 月，生态环境部发布《碳排放权交易管理办法（试行）》，标志着全国碳排放权交易体系正式投入运行。2024 年 1 月，国务院正式发布了《碳排放权交易管理暂行条例》，我国碳市场运行依据从部门规章上升到国务院条例，国家以行政法规的形式明确了碳排放权交易及相关活动的制度依据，这一进展为全国碳排放权交易市场提供了坚实的法律基础[2]。

2015 年，《生态文明体制改革总体方案》首次提出了"用能权"一词，推行基

[1] 中华人民共和国中央人民政府，2021 年 4 月. 中共中央办公厅、国务院办公厅印发《关于建立健全生态产品价值实现机制的意见》.
[2] 周新媛，徐东，张庆辰，等. 中国碳排放权交易市场 2024 年发展分析与展望 [J]. 国际石油经济，2025, 33（1）：52-61.

于能源消费总量管理下的用能权交易[1]。2016 年 7 月，国家发展改革委颁布了《用能权有偿使用和交易制度试点方案》，方案要求，首先在浙江、福建、河南和四川开展用能权交易试点，有序推进用能权有偿使用和交易工作。2024 年 11 月，《中华人民共和国能源法》出台，提出"国务院能源主管部门会同国务院有关部门协调推动全国统一的煤炭、电力、石油、天然气等能源交易市场建设，推动建立功能完善、运营规范的市场交易机构或者交易平台，依法拓展交易方式和交易产品范围，完善交易机制和交易规则"，对用能权交易提出了新的规范要求。

党的十八大以来，党中央、国务院对统筹推进自然资源资产产权制度改革做出部署，明确要求建立健全用水权初始分配制度，推进用水权市场化交易。2022 年 8 月，水利部、国家发展改革委、财政部联合印发了《关于推进用水权改革的指导意见》，提出"加快用水权初始分配，推进用水权市场化交易，健全完善水权交易平台，加强用水权交易监管，加快建立归属清晰、权责明确、流转顺畅、监管有效的用水权制度体系，加快建设全国统一的用水权交易市场"。2024 年 1 月，水利部印发《用水权交易管理规则（试行）》，进一步规范了用水权交易，保护用水权交易市场各参与方的合法权益，维护用水权交易市场秩序。

2007 年以来，排污权交易进入国家试点阶段。财政部、国家发展和改革委员会、国家环境保护总局批复河北、山西、内蒙古、江苏、浙江、湖北、湖南、陕西等 12 个省（区、市）开展排污权交易试点，并给予政策指导及资金支持。2014 年 8 月，国务院办公厅印发《关于进一步推进排污权有偿使用和交易试点工作的指导意见》，对排污权有偿使用和交易试点工作进行了系统安排，这一指导意见也成为试点地区推进排污权交易的纲领性文件。2015 年 7 月，财政部、

---

[1] 商钰佼. 用能权的概念重构及权利构造 [J]. 节能与环保, 2025(1):11-17.

国家发展和改革委员会及环境保护部共同发布《排污权出让收入管理暂行办法》，规范政府出让排污权所得资金的管理[1]。2024 年 12 月，生态环境部发布了《全国排污权有偿使用和交易进展报告（2024 年）》，指出"截至 2024 年 6 月，全国排污权交易总金额约为 363 亿元，其中有偿使用费为 144 亿元，市场化交易金额 219 亿元"。

2016 年 11 月，国务院办公厅印发的《关于完善集体林权制度的意见》，明确了新时代完善集体林权制度的指导思想、基本原则和改革目标。2021 年 1 月，中共中央办公厅、国务院办公厅发布的《关于全面推行林长制的意见》要求："深化集体林权制度改革，鼓励各地在所有权、承包权、经营权'三权分置'和完善产权权能方面积极探索，大力发展绿色富民产业。"2023 年 9 月，中共中央办公厅、国务院办公厅发布的《深化集体林权制度改革方案》，指出"要放活林地经营权，引导林权流转，培育规模经营主体。盘活森林资源资产，畅通林权融资渠道，引入金融活水。完善森林经营管理制度，实施兴林富民行动"[2]。

8.4　多元主体监督手段

生态保护宣传、社会监督和全社会动员等监督手段能够充分调动公众力量，形成广泛的监督网络，为公众参与生态保护修复监管提供了途径。

8.4.1　生态保护宣传

我国不断完善生态保护科普宣传制度体系，并不断创新多样的生态保护科普宣传活动形式，逐渐形成了全媒体、全手段、全内容、全方位、良性互动的

---

[1] 任玥，陈刚，王琪，等. 我国排污权交易试点工作的进展与挑战 [J]. 中国环境管理，2024,16(5)：7-12.
[2] 李庆刚. 新中国集体林权制度改革的历史演进与展望 [J]. 史学集刊，2024(5)：14-23.

生态保护科普宣传工作体系，促进了全社会生态环境保护意识和科学素质的整体提升[1]。

2015 年 6 月，环境保护部等会同科技部、中国科协共同发布《关于进一步加强环境保护科学技术普及工作的意见》（环发〔2015〕66 号），为我国生态保护宣传科普工作提供了重要指导。2020 年 7 月，生态环境部发布《中国公民生态环境与健康素养》，普及了现阶段公民应具备的生态环境与健康基本理念、知识、行为和技能。2021 年 6 月，国务院印发《全民科学素质行动规划纲要（2021—2035 年）》，指出要"重点围绕保护生态环境、节约能源资源、绿色生产、防灾减灾、卫生健康、移风易俗等，深入开展科普宣传教育活动"。2021 年 12 月，生态环境部印发《"十四五"生态环境科普工作实施方案》，为大力推进生态环境科普宣传工作指明方向。2023 年 6 月，生态环境部等五部门联合发布新修订的《公民生态环境行为规范十条》，通过宣传引导和政策推动，对提升公民生态文明意识、增强公民践行绿色低碳行为的自觉性和主动性发挥了积极作用。

我国生态保护科普宣传活动日益丰富多彩。将国家公园、自然保护区、各类自然公园等作为宣传生物多样性保护成效、普及生态保护修复知识的重要阵地，通过设立科普展示馆、科普基地、生态体验路线等，向公众直观呈现保护成果。依托植树节、国际生物多样性日、世界水日、世界环境日、世界防治荒漠化与干旱日等活动，在全国范围内组织开展丰富多彩的生态保护相关主题宣传活动，构建全民参与的生态保护宣教网络。生态环境部每年举办生态环境宣传教育优秀作品评选、"美丽中国，我是行动者"先进典型宣传推选等生态保护宣传活动，并鼓励公众参与其中，从而不断提高公众生态保护自觉意识。

---

[1] 中华人民共和国生态环境部．生态环境部科技与财务司有关负责人就《"十四五"生态环境科普工作实施方案》答记者问．2021 年 12 月 15 日．

8.4.2　社会监督

随着我国法治政府建设的不断深入，政府部门的信息公开力度不断加大，社会监督作用得到了充分发挥。2019 年 7 月，生态环境部印发《生态环境部政府信息公开实施办法》，并每年发布《生态环境部政府信息公开工作年度报告》，提高政府工作的透明度。按照"宜公开尽公开"的原则，生态保护修复监管信息公开的深度和广度进一步拓展，信息发布的内容、流程、权限、渠道日益规范，信息发布的权威性和公信力不断提高，公众知情权、参与权、监督权得到了保障。

我国公众监督和举报反馈机制不断完善，生态破坏违法行为举报奖励制度逐渐实行。2024 年 12 月，生态环境部印发《生态环境信访工作办法》，进一步规范了生态环境信访工作，维护生态环境信访秩序，保护信访人的合法权益，要求"各级生态环境部门应当畅通信访渠道，优化工作流程，规范信访秩序，依法分类处理信访事项，倾听人民群众建议、意见和要求，接受人民群众监督，为人民群众服务"。"12369"环保举报热线、微信、网络、来信、来访等各类举报平台或途径逐渐完善和畅通，举报受理、案件查处、实施奖励等相关工作衔接不断优化。

社会组织、社会公众和新闻媒体等监督作用得到良好的发挥，生态舆情监控机制逐渐建立，社会关切的生态热点问题得到及时主动回应，舆论监督逐渐成为整治生态环境问题的利器，我国正形成全社会共同推进生态环境保护的健康舆论监督氛围。

各市、县等地方积极探索建立社会公众生态保护监督网格员制度。2014 年国务院办公厅发布了《关于加强环境监管执法的通知》，通知中指出："各市、县级人民政府要将本行政区域划分为若干环境监管网格，逐一明确监管责任人，落实监管方案。"此后，各市、县等地方积极探索建立社会公众生态保护监督网格员制度。例如，2015 年，石家庄市印发《石家庄市生态环境保护网格化管理推进方案》，2023 年，宁陕县发布《生态环境保护网格员作用发挥管理制度（试行）》等。

8.4.3　全社会动员

中国不断加强对生态环境保护社会组织的培育和引导。2017 年，环境保护部印发了《关于加强对环保社会组织引导发展和规范管理的指导意见》，意见指出："环保社会组织在提升公众环保意识、促进公众参与环保、开展环境维权与法律援助、参与环保政策制定与实施、监督企业环境行为、促进环境保护国际交流与合作等方面做出了积极贡献。"

我国在生态保护修复方案制订中引入社会意见征集机制，动员全社会公众参与我国生态保护修复的监督。2021 年，国务院办公厅发布的《关于鼓励和支持社会资本参与生态保护修复的意见》（国办发〔2021〕40 号）指出"要在广泛征求社会意见的基础上，合理确定项目生态保护修复方案"。

我国不断推动全社会力量深度参与生态保护修复监督，鼓励公益组织参与生态监测、科普教育等非营利性活动，广泛推动生态保护修复监管志愿服务。公众监管生态环境保护的自觉性、主动性、参与性明显增强，全社会动员践行绿色低碳生活的社会风尚逐渐形成。

8.5　典型案例

8.5.1　综合应用多种监管手段处理生态破坏问题

秦岭是我国中部最重要的生态安全屏障，具有涵养水源、维护生物多样性及水土保持等重要生态服务功能，是我国南北地质、气候、生物、水系、土壤等五大自然地理要素的天然分界线。因此要坚持保护优先、预防为主、防治结合的原则，对秦岭生态环境实施全面保护，实现秦岭地区生态环境的良性循环和健康发展，维护秦岭乃至国家生态安全[1]。

然而，因为最初缺乏有效的生态保护监管，秦岭北麓出现了大面积无序开发的情况，秦岭生态环境遭到严重破坏。随后，监管部门综合应用了多元主体监督、法律与行政手段等多种监管方式处理了秦岭北麓生态破坏问题。2012—2014 年，新华网、人民网、央视等媒体对秦岭北麓生态破坏问题进行不断宣传报道与曝光，发挥了多元主体的监督作用，引起了社会各界高度重视。随后，行政手段和法律手段先后介入，展开了针对秦岭北麓生态破坏问题的专项整治行动，重视程度高、追责力度大、震慑效果强、影响范围广，对生态环境系统具有很强的针对性、指导性，对不断加强我国生态环境保护工作具有历史性、标志性意义。

8.5.2 生态产品价值实现机制的"丽水样板"

浙江省丽水市是我国首批生态产品价值实现机制试点市，该市在生态产品价值核算、生态产品经营开发、生态资源权益交易等方面进行了创新性探索，生态产品价值转化取得了积极成效，打造成为生态产品价值实现机制的"丽水样板"。

开展生态产品价值核算，并推进核算结果的多场景应用。丽水在中国率先开展首个山区市生态产品价值核算，发布首份《生态产品价值核算指南》地方标准，出台《丽水市生态产品价值核算技术办法（试行）》，率先探索试行与生态产品质量和价值相挂钩的财政奖补机制，率先建立国内生产总值（GDP）和生态系统生产总值（GEP）双核算、双评估、双考核机制等。以 GEP 核算为切入点，丽水率先破题"绿水青山"的可量化工作，形成了一系列生态产品价值核算以及交易制度体系。丽水在中国率先编制发布《基于生态产品价值实现的金融创新指南》，相继推出"GEP 贷""取水贷"

---

[1] 陕西省人民政府. 陕西省人民政府办公厅关于印发陕西秦岭生态环境保护纲要的通知. 2008年6月25日.

等 15 类绿色金融产品，实现生态产品可质押、可融资。创新推出个人生态信用"绿谷分"，编制生态信用行为正负面清单，设置了 13 类 53 项守信激励应用场景，按综合得分高低评定等级，差异化赋值授信额度和给予相应的信贷利率优惠[1]。

推进生态产品经营开发。以"丽水山耕""丽水山景""丽水山居""丽水山泉"为代表的"山"字系区域公用品牌带动丽水生态特色产业蓬勃发展[2]。其中，"丽水山耕"品牌实现农业版"浙江制造"蝶变，作为我国首个覆盖全区域、全品类、全产业链的地级市农产品区域公用品牌，"丽水山耕"品牌价值 26.59 亿元，百强榜排名第 64[3]。

促进生态资源权益交易。丽水农村电商模式示范引领中国农村电商发展，首创乡镇级农村电商服务中心"赶街模式"，成为我国农村电商的十大模式之一，搭建了"消费品下乡"和"农产品进城"的双向物流体系，实现了移动端服务站点逾半数覆盖[3]。此外，丽水构建的"天眼守望"生态服务平台已连通来自 21 颗遥感卫星、城市物联网、森林红外监测等系统数据，构建了科学统筹的生态治理数字底座和高效精准的环境监测体系[4]。它的内核置入 GEP 一键核算、一键交易等应用，2023 年，"天眼守望"GEP 核算及应用转化平台覆盖所有行政区域[5]。

[1] 丽水发布. 生态产品价值丽水实现纵深行，2024 年 8 月 12 日.
[2] 刘克勤，代琳. 丽水：激活生态产品价值实现的共富先行路. 中国（丽水）两山学院，2023 年 3 月 15 日.
[3] 兰秉强，叶芳. 生态产品价值实现机制的"丽水样板"[J]. 浙江经济，2018(18)：44-45.
[4] 刘克勤，代琳. 丽水：激活生态产品价值实现的共富先行路. 中国（丽水）两山学院，2023 年 3 月 15 日.
[5] 丽水发布. 生态产品价值丽水实现纵深行，2024 年 8 月 12 日.

第九章　中国生态保护修复监管存在的问题与挑战

美丽中国建设是处理人与自然和谐共生关系的重大创新实践，我国生态保护修复已经取得一系列重大成效，但保护修复监管仍面临诸多现实问题与挑战，有必要系统地研究监管缺位背后的深层次问题，找到主要矛盾和矛盾的主要方面，为找准生态保护修复监管发力点提供理论依据。

9.1　生态保护修复监管话语体系有待统一

"监管"概念的复杂性和多源性决定了生态保护修复监管尚未形成统一的话语体系，对于生态保护修复监管的综合性、源头性和适应性共识不足。

9.1.1　综合性监管共识不够

生态系统提供多种服务，包括但不限于供给服务（如食物和水）、调节服务（如气候调节）、文化服务（如休闲娱乐）和支持服务（如授粉）。不同的服务之间可能存在权衡关系，即提高某一种服务可能会削弱另一种服务的功能。例如，增加森林覆盖以增强碳汇功能可能会减少可用于农业生产的土地面积。忽视生态系统服务之间的权衡与协同会导致监管效果事倍功半。科学的生态保护修复监管应该综合考虑各种服务之间的关系，寻找最佳平衡点，而不是简单地追求某一项服务的最大化。

9.1.2　源头性监管理论支撑缺乏

遥感与信息技术的发展为实时发现生态破坏问题提供了可能，当前生态保护修复监管以"及时发现生态破坏问题"为中心构建监管框架，这是"末端治理"的无奈之举。然而，社会经济活动是驱动生态破坏的根本症结和源头所在，生态破坏问题是经济社会系统内部矛盾的外在表现形式，其本质是人类不当的逐利行为导致经济社会发展不可持续的后果。因而，许多生态破坏问题的治理对策必须从社会经济的视角去检视。源头性监管理念的缺乏，导致许多生态问题"治标不治本"。例如，工业化进程中的污染排放以及城市化进程中的土地利用变化等都会对生态系统造成负面影响。

尽管全社会认识到源头监管的重要性，但由于"预防为主"往往带有一定的预测性、预见性，在缺乏足够的生态监测数据做支撑的情况下，源头性预防建议往往受到质疑，导致其对相关社会经济活动的约束力非常有限。

9.1.3　适应性监管思维不足

生态系统的弹性（resilience），也称为韧性、恢复力、复原力等，是指其遭受干扰后恢复到维持其基本功能和结构的能力[1]。面对不确定因素的干扰，生态系统所做出的反应取决于该系统的特定情境、不同尺度间的各种联系以及系统现状。弹性思维的核心是认识到世界皆在变化，且这些变化更多是突发的、非常规、不可预见的。当前生态保护修复监管普遍存在的一个问题是没有充分考虑生态系统在面对自然灾害或其他不可预见事件时的弹性，即缺乏适应性管理思维。适应性管理要求监管措施能够灵活响应变化的环境条件，及时调整方向并进行适应性应对。例如，

---

[1]Walker B,　Sait D.　(2010).　Resilience Thinking: Sustaining Ecosystems and People in a Changing World.

在制订生态保护修复计划时，如果只是简单地按照某个理想的状态进行修复，而没有考虑到未来可能出现的极端天气事件，那么这种修复可能在遭遇灾害时变得无效甚至适得其反。

9.2　生态保护修复监管合力有待加强

我国已初步建立生态保护修复统一监管与行业监管并行的监管体系，由于法律授权不足、行业长期存在的行政惯例等因素，综合性监管总体较弱，分领域、分行业、分层级监管依然是主流，部分监管职责碎片化、不协调问题仍然突出。

9.2.1　监管职责存在交叉与空白

生态保护修复涉及多个部门，职责交叉或重叠不可避免。例如，河流保护修复监管往往涉及生态环境、水利以及自然资源部门等，在实际操作中，各职能部门核心职责的差异导致各自的关注点不同，进而引发政策执行上的矛盾或者资源分配上的冲突。再如，生物多样性保护牵头的是生态环境部门，而野生动植物保护监管主要由林业和草原部门承担，涉及野生动物贸易则需要与公安、海关、市场监督管理等多部门协作，容易造成执法盲区或者重复执法的现象。与此同时，由于社会经济的发展，一些新的生态保护修复问题容易成为监管盲点，导致监管缺失。例如，在城市绿化建设中，外来物种比例正呈现大幅增长的态势，防控与监管外来物种入侵变得越发重要。一些城市内河与湖泊中，外来物种迅速繁殖蔓延，严重影响水体生态的平衡，导致本地水生生物的生存空间被挤压。在城市绿化中大量引入外来观赏植物，致使这些植物逸生为入侵物种，继而破坏城市绿地生态。虽然住房和城乡建设、林业和草原、生态环境等部门都有相关监管职责，但在具体实践中却成为监管盲区。

9.2.2　统一监管与行业监管目标难协调

生态保护修复工作需要综合考虑多个方面、多个目标，更加关注长期的、隐性的影响，包括生物多样性保护、水资源管理、土地利用等，这就要求有一个统一的监管框架来进行整体协调。然而，在实际操作中，行业监管往往更倾向于关注特定领域的具体目标，更加关注当前的、直接的影响，这可能导致行业监管与统一监管之间存在目标冲突，影响自然生态系统整体的健康和稳定。例如，我国许多内陆河流都实行了分水政策，各行业部门基于自身需求，如农业灌溉、工业用水等，在分水时更侧重于满足当下本行业的用水目标。但从统一监管的角度，需要综合考虑河流生态系统的整体健康，维持河流一定的生态流量，避免引发河流干涸、水体富营养化、水生生物栖息地破坏等一系列生态问题。这种行业监管与统一监管目标的不一致性直接影响了分水政策的落地执行效果。

9.2.3　监管权责与配套资源不对等

在生态保护修复监管过程中，有些部门可能承担着较大的责任但实际拥有的权力和资源却相对较少。例如，基层生态环境部门需要执行大量的生态保护修复监管任务，但受限于能力建设不足、技术力量薄弱等因素，难以有效履行其职责。此外，一些地区可能存在"只审批、不监管"的现象，即审批部门审批项目后，后续的监督和管理由于能力不足而无法有效开展。例如，近年来，"河道断流""生态流量锐减"等生态问题时有发生，生态流量保障是复苏河湖生态环境的重要基础和先决条件。然而，许多河湖基础设施和治理能力仍然不足，部分河湖河段缺少水量调配设施，无法实现生态流量的调控，部分水利设施设计建造年代较早，缺少生态流量泄放设施，河湖生态流量监测网络体系还不完善，这些都会对生态流量的有效监管带来很大的挑战。

9.2.4　监管协调机制不健全

生态保护修复是一项复杂的系统工程，涉及森林、草原、湿地、河流、海洋等多种生态要素，每种生态要素都有其独特的生态功能和运行规律，牵一发而动全身，因而需要多个部门之间的密切合作与协调。深入推进生态保护修复跨部门综合监管，是加快转变政府职能、提高政府生态环境监管效能的重要举措。然而，监管实践中由于权责整合困难、信息共享不足、人力物力资源投入不均、监管手段有限等，各部门之间难以形成有效的协作机制，在大量的协调过程中，反而损失了监管效率，从而影响了生态保护修复的整体推进。

9.3　生态保护修复监管制度有待健全

我国持续加强生态保护修复监管，不断完善顶层设计，构建起了一系列监管制度体系。然而，面对社会—生态系统发展的动态性，相关制度体系仍需持续升级。

9.3.1　法律法规体系仍需完善

现行的法律法规体系不足以涵盖所有生态保护修复的需求。随着经济社会的发展和生态环境问题的复杂化，原有的法律条款需要在不断的实践中逐步细化深化。例如，《中华人民共和国黄河保护法》第七条规定"国务院水行政、生态环境、自然资源、住房和城乡建设、农业农村、发展改革、应急管理、林业和草原、文化和旅游、标准化等主管部门按照职责分工，建立健全黄河流域水资源节约集约利用、水沙调控、防汛抗旱、水土保持、水文、水环境质量和污染物排放、生态保护与修复、自然资源调查监测评价、生物多样性保护、文化遗产保护等标准体系"，需要配套一系列法规对具体权责分配进行进一步明确和细化。

9.3.2 行政命令前瞻性仍需提升

在当前生态保护修复监管中，依赖行政命令的模式较为普遍，通常需要通过多层级的行政体系进行传达和执行；从上级部门到基层执行单位，信息在传递过程中可能会出现失真、延误或理解偏差等问题，缺乏灵活性，难以适应不断变化的生态环境状况。行政命令往往是统一的、标准化的规定，可能无法考虑到不同地区、不同类型的生态保护项目之间的差异性，导致某些地方的个性需求得不到满足。此外，依赖行政命令容易使企业和社会公众形成被动接受管理的思维模式，在问题发生后往往会出现"等待上级指示"的情况，被动应对，最终影响治理效率。

9.3.3 激励性政策工具不足

当前生态保护修复监管，较多依赖于行政约束性和惩罚性措施，如罚款、吊销许可证等，这种方式虽然能够起到威慑作用，但难以调动相关主体内生积极性。许多激励性政策工具，如税收优惠、财政补贴、绿色信贷等，可以激发企业和个人参与生态保护的积极性，但这些工具在实际应用中还不够广泛，导致一些潜在的生态保护行为因成本过高而无法实施。此外，生态保护修复是一项长期而复杂的工程，需要不断地探索和创新，尤其是涉及新技术和新方法的试点项目，但相应的保障和激励措施却供给不足。例如，在一些关于湿地保护的项目中，地方政府与金融机构合作，发行专门用于湿地恢复项目的绿色债券来吸引投资者的资金，但对于投资风险却缺乏对冲和保障措施，因而影响了社会资本的投资积极性。

9.4 生态保护修复监管的科技支撑不足

工欲善其事，必先利其器。生态保护修复监管的综合性、源头性、适应性要求，需要不断深化对社会—生态系统的认识，积极开发利用新方法、新技术和新设备。

9.4.1　监测评估技术差异化和精准性不足

生态保护修复监管需要强大的科技支撑，包括但不限于生态监测技术、生态工程技术等。然而，当前用于支撑监管的技术差异化、精准性不够，可操作性不强，系统性集成不够，重大科技瓶颈亟须突破。许多生态监测指标趋同，技术手段单一，不能反映独特的生态环境状况。仍有许多监测设备的精度不高、时空分辨率不足，导致基于这些数据进行的生态环境评估结果存在偏差，无法满足实际监管的需求。一些先进、前沿的监测技术因涉及复杂的仪器设备、专业的技术人员以及烦琐的操作流程等高门槛，而难以在实际工作中应用推广。地面监测与遥感监测、地理信息系统（GIS）等技术协同程度较低，系统性集成不够。

9.4.2　标准体系供给不足

标准是生态保护修复监管的重要"卡尺"，但受限于科学认知不够深入、实施条件具有较大差异等制约，部分标准适用性不强、可操作性不足、时效性较差，已不能满足当前的监管需求。相较于环境质量标准和污染物排放标准，生态保护修复监管标准制（修）订方法学尚不成熟，标准体系框架尚未建立，与国际标准体系接轨不足。支撑开展生态破坏评判、自然资源开发利用强度、生态监督执法等重点领域的标准依然缺乏。例如，生态环境部现行 62 项生态保护修复监管标准中，以调查观测居多，而规划编制、生态质量和保护成效评价、评估考核等方面标准较为有限。

9.4.3　数字化智能化水平不高

加强数字政府建设是适应新一轮科技革命和产业变革趋势、创新政府治理理念和方式、推进国家治理体系和治理能力现代化的重要举措。然而在生态保护修复监管方面，数字化智能化进程仍需加快。数据采集手段仍然较为传统，许多地区的生态保护数据分散存储在不同部门的信息系统中，这不仅增加了数据整合的难度，更限制了数据的分析利用。部分需要由多个部门共同采集的数据，因不同部门间统计口径差异，出现不一致现象，增加了数据质量管理的难度。不同部门或地区建立的生态数据平台，在数据格式、存储方式、接口标准等方面存在差异。数据分析多停留在简单的数据统计层面，无法深入挖掘数据背后的生态关系与变化规律。例如，在研究森林生态系统对气候变化的响应时，仅依靠简单的数据统计无法分析森林中不同树种、不同年龄树木与气温、降水等气候因子之间的复杂非线性关系，难以准确评估气候变化对森林生态系统结构与功能的影响，从而影响生态保护修复策略的科学性。

第三篇

未来行动

第十章 科学引领：强化生态学与多学科交叉研究

生态环境是由一系列非生命要素和生命要素组成的多过程耦合系统。这些要素相互作用、相互影响、相互制约，形成动态稳定的结构，支撑着人类社会的形成、进步和演化。现实中的生态问题往往是多因素综合作用的结果，因此，在生态保护修复监管实践中，常常需要统筹考虑环境、生态、经济、社会等多方面因素。为提高生态保护修复监管水平，必须要强化生态学与环境科学、资源科学、经济学等多个学科的交叉研究，为监管实践提供综合性理论指导。

10.1 强化生态学与环境科学交叉研究

10.1.1 科学辨析生态学与环境科学的关系

社会—生态系统是一套多元的、相互关联的复杂巨系统，其中生物与生物、生物与环境之间的关系错综复杂。进入"人类世"，大量的生态环境问题不再是单一学科能够解决的。例如，气候变化不仅涉及大气物理化学过程，还与生态系统的碳循环、生物的适应性等密切相关。有必要科学辨析生态学与环境科学的关系，以便全面地理解复杂生态环境问题的本质和相互关系，制定出更有效的监管策略。

"生态"一词源于古希腊字，原来是指一切生物的状态，以及不同生物个体之间、生物与环境之间的关系。德国生物学家 E. 海克尔于 1869 年提出生态学的概念，认为生态学是研究动物与植物之间、动植物及环境之间相互影响的一门学科。但近年来，提及生态术语时，其所涉及的范畴越来越广，特别在国内常用"生态"表征一种理想状态，即"美好的、生态友好的"，如生态旅游、生态产品等。

环境总是相对于某一中心事物而言的。人类赖以生存和发展的物质条件综合体，实际上是指人类的环境，一般可以分为自然环境和社会环境。自然环境又称为地理环境，即人类周围的自然界，包括大气、水、土壤、生物和岩石等。社会环境指人类在自然环境的基础上，在生存和发展的基础上逐步形成的人工环境，如城市、乡村、工矿区等。

由此可见，生态与环境是既有联系又有区别的两个概念，相应地，生态学与环境科学也是既相互区别又紧密联系的。

生态学是研究生物与生物之间以及生物与环境之间相互关系的科学，侧重于研究生态系统的结构、功能、动态变化以及生物在生态系统中的分布和适应等。研究对象是生物群落及其与环境所构成的生态系统，包括森林、草原、河流、湖泊等各种生态系统。生态学科的具体分支包括植物生态学、动物生态学、微生物生态学、生态系统生态学、景观生态学、修复生态学和可持续生态学等。生态学在生命系统研究中的位置及其与生物学的关系如图10-1所示。

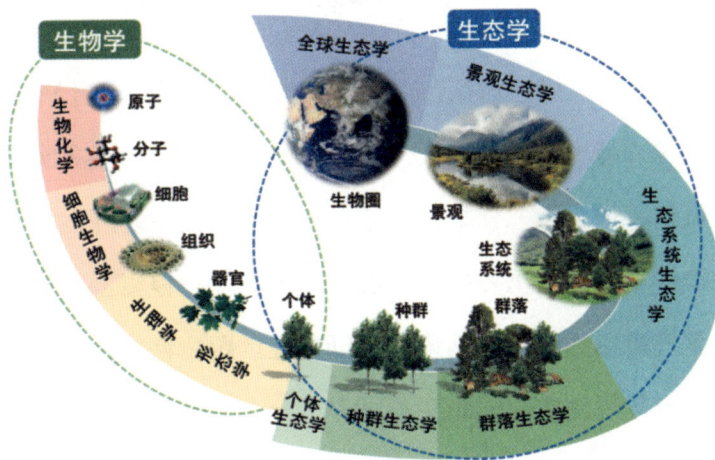

图 10-1　生态学在生命系统研究中的位置及其与生物学的关系[1]

---

[1] 方精云. 生态学学科体系的再构建 [J]. 大学与学科, 2021, 2(4) : 61-73.

环境科学主要关注人类活动对环境的影响以及如何保护和改善环境质量，其研究对象包括大气、水、土壤等环境要素，以及环境污染、环境质量评价、环境规划与管理等。环境科学包括的学科较多，在自然科学方面有环境地学、环境生物学、环境化学、环境物理学、环境医学、环境工程学、环境生态学等；在社会科学方面有环境管理学、环境经济学、环境法学等。

生态学更加强调生态系统的自然规律和生态过程，体现出系统性、整体性和关联性，而环境学更强调以人类生存发展为中心的外部因素，重点关注环境质量的变化及其对人类健康和社会发展的影响，强调解决环境问题的技术和政策手段。

实际上，无论是环境科学还是生态学，在研究层次上都开始向宏观与微观两极拓展，这就要求必须要加强生态学与环境科学的交叉研究，为政策制定提供更为全面的科学依据。例如，在碳排放交易的实施过程中，结合生态学的碳汇研究和环境科学的碳排放监测与核算方法，可以更精准地支撑碳排放配额和交易机制，提高政策的实施效果。

10.1.2　加强基于环境生态学的评估指标体系研究

当前，生态保护修复过程中仍存在重手段轻效益、重局部轻区域、重植被轻功能、重修复轻管护等问题，特别是局部地区"生态修复形式主义"现象突出，导致生态保护修复效果大打折扣。加强生态保护修复成效评估是加强生态环境部门"指导、协调与监督"生态保护修复职能的重要抓手。现在的生态保护修复成效评估体系和监管机制仍以定性和半定量指标为主，指标体系难以量化，距离精准量化评估保护修复成效仍有很多科学问题亟待解决。

一方面，量化评估能够增强监管的科学性和有效性。定性评估往往只能给出大致的修复情况描述，如"生态系统有所改善、植被覆盖度增加"等定性结论；而量化评估能够通过具体的数据和指标，准确地判断生态保护修复使生态系统在结构、功能和服务方面恢复到何种程度，是否达到了预期的目标，为生态保护修复监管提供具体的、可衡量的标准和指标，提升监管规范化、标准化和科学化水平。监管部门可以根据这些量化标准，对生态保护修复项目的实施过程和结果进行严格的监督和检查，及时发现不符合要求的情况并要求整改，确保生态保护修复工作按照科学的方法和标准进行。

另一方面，借助有效的量化指标评估能够及时发现生态保护修复过程中可能被忽视的潜在问题，实现动态监管。量化评估通过定期或不定期地对生态保护修复成效进行监测和评估，获得全面、连续的数据序列，从而实现对生态保护修复工作的动态监管。监管部门可以根据实时数据及时调整监管策略和措施，对于出现问题的项目及时进行干预和指导，避免问题的积累和恶化，从而提高监管的时效性和针对性。

此外，量化评估的结果以具体的数据和客观的分析呈现，这样能够增加生态保护修复成效的透明度。通过向行业部门、监管部门以及社会公众清晰地展示生态保护修复工作的成效和进展，使一些具有隐性影响或长远效果的生态保护修复工作（如地下水治理、气候变化适应等）产生"有形化"的认知，形成较强的政策效应。

然而，生态保护修复不同于环境污染防治，在很多情形下，生态保护修复的绩效难以找到合适的量化指标来评估，具有一定的模糊性。首先，生态系统组成与结构复杂，具有多种功能，各成分之间相互作用、相互依存，在不同的时空尺度上表现各异，很难全面考虑所有组成部分的变化情况并进行量化。其次，生态系统的演替是一个长期的动态过程，生态保护修复的成效在短期内难以显现，需要数年、数十年甚至更长时间才能发生显著变化，这使得在不同时间点进行绩效评估时，难以确定一个统一的量化标准。再次，生态系统为人类提供了许多无形的服务，如美学价值、文化价值、精神价值等。不同部门、不同人群对这些服务价值需求不同，其认知和评价必然存在很大差异，难以用统一的量化指标来衡量。最后，受成本和技术所限，生态系统的许多参数和指标难以直接测量或获取，从而影响了对生态保护修复绩效的量化评估。生态系统的变化可能受到多种因素的干扰，具有较大的不确定性，如气候变化、自然灾害等，这也增加了区分生态保护修复措施与其他因素对生态系统影响的难度，进一步影响了量化指标的准确性和可靠性。

在这种背景下，强化环境与生态交叉协同指标体系的研究，是实现环境治理与生态保护协同增效的重要手段。事实上，由于生态和环境密不可分，许多环境类指标也可以指征生态保护修复的成效。例如，生态系统对水资源起到涵养和调节作用，如果地表径流量趋于稳定，洪水和干旱的频率降低，说明生态系统的水源涵养和调节功能得到了增强。水质的改善也是生态保护修复成效的重要体现，如河流中的化学需氧量、氨氮等污染物含量降低，溶解氧含量增加，体现了生态系统对污染物的净化能力。

通过综合采纳环境与生态结合的指标体系，能够更有效、更方便地对生态保护修复成效进行评估，为下一步监管决策提供科学依据。

10.1.3 加强生态环境监测技术与设备的研发

生态环境监测设备是获取生态环境数据的基础工具，先进的监测技术和设备能够提高生态环境监测的准确性和可靠性，为生态保护修复监管提供科学依据。加强环境与生态学交叉重大科学问题关键过程的研究，借助遥感技术、传感器技术、云计算、人工智能、大数据等手段，研制水、大气、土壤、生物等生态环境要素一体化、数字化、智慧化监测设备，是生态环境监测设备领域的重要科技需求。

一是加强多参数一体化监测设备研发。研发能够同时监测多种环境与生态参数的设备，如同时监测大气、水、土壤中的污染物浓度，以及生物多样性、生态系统健康状况等指标，实现对环境与生态系统的全面、实时监测。进一步提升卫星遥感和无人机监测的精度和分辨率，结合地面监测数据，实现大范围、高时空分辨率的环境与生态监测，以及时发现与跟踪生态环境变化趋势和问题。

二是提高监测设备智能化、自动化水平。利用人工智能、机器学习、物联网等先进技术，使监测设备具备智能化的数据采集、分析和传输能力，能够自动识别异常情况并及时预警，从而提高监测效率和准确性。

三是监测设备微型化与便携化。开发体积小、重量轻、便于携带和操作的监测设备，以便在不同的环境和生态场景中快速部署，特别是在野外、偏远地区或突发事件现场等进行实时监测。

四是针对生态保护红线、自然保护地、重点生态功能区、重要生态系统及脆弱区等生态保护修复监管重点区域的特点，研发极寒、极冷等极端条件下的生态监测设备。主要人类活动是影响生态保护红线区域、自然保护地等重要生态空间的主要因素，利用高分辨率卫星影像和无人机监测结合，配备地面监测站等，重点对人类活动进行精准识别，对一些难以到达的区域进行监测，如高山峻岭、河流峡谷等地域，及时发现生态破坏、非法活动等问题。

10.1.4　开发面向生态与环境科学交叉的研究方法

环境和生态学问题通常涉及物理、化学、生物等多要素、多过程、多效应，需要综合考虑自然系统复杂性、多尺度互动、动态变化以及人类活动影响等因素，结合环境和生态学科特点，开发新的研究方法，以促进对复杂生态环境问题的全面系统认识。

生态学与环境科学的交叉为两个学科都带来了新的研究视角和领域，促使研究方法相互借鉴和创新。生态学为环境科学提供了生态系统的结构、功能和过程等方面的理论基础，帮助环境科学更好地理解环境污染和生态破坏对生态系统的影响机制。环境科学中的环境质量变化和环境污染问题又为生态学研究提供了新的研究内容和方向——环境生态学，促使生态学关注人类活动干扰下生态系统的响应和变化。生态学中的野外调查、实验生态学方法以及生态模型构建等在环境科学研究中得到广泛应用，环境科学中的环境监测技术、环境质量评价方法学和环境工程技术等也为生态学研究提供了更精确的数据和技术手段。例如，通过交叉学科研究，在制订自然保护区规划时，综合考虑环境因素和生态系统的完整性、稳定性等生态学原理，能够更科学地确定保护区的范围、功能分区和管理措施，提高保护区的保护效果和生态服务功能。

生态毒理学是研究有毒有害物质对生态系统中生物和生态过程的负面影响的学科，近年来在方法学上有许多前沿创新，如组学技术、高通量筛选技术、原位监测技术、生物传感器技术、计算机模拟与建模技术等。例如，在湖泊生态修复项目中，使用微生物传感器和酶传感器对水体中的污染物生态效应进行实时监测。特定微生物能够对水体中的有机污染物产生特异性响应，通过将微生物的代谢变化转化为电信号，从而快速检测出污染物的浓度变化；酶传感器则可以针对水体中的重金属离子，基于特定酶与重金属离子的特异性结合反应，实现对重金属污染物的高灵敏度检测。

景观生态学主要研究景观结构、功能和动态变化，将其与环境影响评价结合，考虑景观要素之间的相互作用和生态系统的连通性，可以从景观尺度评估人类活动（如土地开发、基础设施建设等）对生态环境的综合影响。通过大数据分析和人工智能算法，能够对海量的景观数据进行挖掘和分析，从而识别出复杂的景观格局和生态过程关系。例如，在城市空间结构与"热岛效应"的研究中，利用人工智能建立"热岛效应"的模拟预测模型，探索低碳低热的城市空间结构模式。将遗传学原理和方法引入景观生态学，可以研究景观格局对物种遗传结构和基因流的影响。

生态系统服务价值核算主要是对生态系统为人类提供的各种服务（如水源涵养、土壤保持、气候调节、生物多样性维护等）进行经济价值量化，将其与环境质量监测相结合，可以研究生态系统服务价值与环境质量之间的动态关系，为生态系统管理和环境保护提供经济决策依据。近年来，我国着力构建 GEP 核算体系，把生态效益纳入经济社会发展评价体系。通过 GEP 核算，评估生态保护成效、生态系统对人类福祉的贡献以及对经济社会发展支撑作用，为完善发展成果考核评价体系与政绩考核制度提供具体指标。GEP 核算还可以定量描述区域之间的生态关联，为完善生态保护补偿、促进优质生态产品持续供给提供科学基础。

10.2　强化生态学与资源科学交叉研究

10.2.1　科学辨析生态学与资源科学的关系

自然资源是天然存在、有使用价值、可提高人类当前和未来福利的自然环境因素的总和。自然资源的概念反映的是它对人类具有的价值属性，包括商品价值（经济价值）和潜在的服务价值（社会价值和生态价值）[1]。它的涵盖范围极其广泛，包括土地、水、矿产、森林、动物等看得见、摸得着且有显性价值的资源，也包括阳光、空气等看不见或摸不着但有隐性价值的自然物质[2]。资源科学是一门研究资源的形成、演化、分布、数量、质量、评价、开发、利用、保护和管理等方面的综合性学科。

自然生态系统往往兼有资源属性和生态属性，且在许多情况下二者存在权衡关系。因而，资源科学与生态学虽然有着相同的研究对象（自然生态系统），但二者侧重视角有所不同。资源科学更多地是从人类利用角度出发，着眼于资源的经济价值与社会属性，通过精准评估资源储量、质量，深入探究资源开发技术与合理分配模式，力求实现资源利用效益最大化，满足社会经济发展需求。生态学着重研究生物与环境的相互作用，聚焦生态系统的结构、功能与稳定性。以对生物资源的研究为例，资源科学侧重于生物资源的量化评估、可持续利用技术开发及管理策略优化；生态学则更多地

[1]COSTANZA R, D'ARGE R, DE GROOT R, et al. The value of the world's ecosystem services and natural capital[J]. Nature, 1997, 387(6630): 253-260.
[2]黎祖交. 正确认识资源、环境、生态的关系——从学习十八大报告关于生态文明建设的论述谈起[J]. 绿色中国，2013(3)：46-51.

聚焦于生物群落结构、物种间相互作用及生态系统功能机制。

10.2.2 加强生态系统资源属性和生态属性的统一研究

资源可持续利用问题也是生态保护问题，资源过度开发问题也是生态破坏问题。为提升生态保护修复监管水平，亟须加强生态学与资源科学在生态系统服务价值评估、生态恢复中的资源配置、生物多样性与资源可持续利用、生态监测与资源管理决策等方面的交叉研究。

一是要加强生态系统服务价值评估与资源价值核算的融合研究。生态保护修复的基础是明确生态系统的价值，以便为保护行动提供量化依据。资源科学中的资源价值核算方法与生态学中生态系统服务价值评估方法需要深度融合，避免仅从单一的经济或生态角度进行片面评估。实践要求，综合考虑生态系统提供的供给服务（如水资源、木材等）、调节服务（如气候调节、水质净化等）、文化服务（如旅游休闲、文化传承等）和支持服务（如土壤形成、生物多样性维持等），将资源的经济价值与生态系统的多功能价值进行统一核算，为生态保护修复、生态产品价值转化、生态环境损害赔偿等提供准确依据。

二是要加强生态保护修复中的自然资源时空配置与生态过程的协同研究。在生态保护修复实践中，要充分考虑生态系统自然恢复的过程和规律，加强研究不同生态系统类型（如森林、草原、湿地等）在修复过程中的关键限制因子和主导生态过程，根据生态修复的阶段和目标，探究自然资源的时空配置。例如，在干旱地区的生态修复中，水资源是关键限制因子，应当加强生态学与资源科学的协同研究，共同研讨如何合理调配水资源，结合植被恢复技术，促进生态系统的自然恢复，实现水资源利用与生态修复的协同发展。

三是要加强生物多样性保护与自然资源可持续利用的协调研究。生物多样性是生态系统稳定并发挥服务功能的基础，而自然资源的可持续利用是满足人类发展需求的必要条件，两者之间的平衡和协调关系是生态保护修复监管面临的重要挑战。因此，要深入研究不同自然资源开发利用方式对生物多样性的影响机制，制定在自然资源开发过程中保护生物多样性的具体策略和措施。例如，深度研究挖掘种质资源的直接利用价值，持续开展种质资源基因型与表型的精准鉴定研究，加强现代育种技术攻关，有利于在保护下利用，又以利用促进保护，实现种质资源可持续利用的同时，促进种质资源保护。

四是加强生态监测与资源管理决策的一体化研究。及时、准确的生态监测数据是生态保护修复和资源管理决策的基础，需要将生态学的监测技术和方法与资源科学的管理决策需求相结合，以实现数据共享和信息互通。因此，要整合生态学中的生态监测网络和技术手段（如卫星遥感、无人机监测、地面生态监测站等），与资源科学中的资源管理信息系统等，建立统一的生态资源监测与管理平台。通过大数据分析、模型模拟等技术，实现对生态系统和资源状况的实时监测、动态评估和预测预警，为生态保护修复政策、方案、措施等的制定、资源开发利用的调控等提供科学依据和决策支持。

10.3　强化生态学与经济学交叉研究
10.3.1　生态保护修复需要充分考虑社会经济发展规律

经济学是一门研究在资源稀缺的条件下，人们如何进行选择，资源如何实现有效配置与利用，进而影响生产、分配、交换和消费等经济活动，以及经济主体（包括个人、家庭、企业、政府等）如何做出决策并相互作用，以实现经济增长、效率提升、公平分配等目标的社会科学。经济学的学科分支众多，研究方向和重点各有不同。例如，微观经济学聚焦于个体经济单位行为，宏观经济学着眼于整体经济运行，计量经济学侧重于用统计等方法进行经济数据的分析与建模等，生态经济学主要研究生态系统与经济系统之间的相互关系，环境经济学则专注于分析环境问题的经济根源，资源经济学着重研究自然资源的合理开发、利用和管理等。

加强生态学与经济学的交叉研究，对于激发保护的内生动力、协调保护与发展的利益关系、提升社会—生态系统弹性水平等具有重要的现实意义。

一是以自然资本价值实现来激发保护的内生动力。人们越发意识到，自然资本与实物资本、社会资本和人力资本一样，是可持续发展和经济增长的基础。自然资本价值实现是人类共同应对全球生态危机进程中的必然要求。然而，自然资本的保护和修复是复杂的系统工程，需要大量资金持续性投入。资本天然的逐利性，决定了其更愿意在赚钱快、直接收益高的经济开发活动中投入和扩张，而不愿意在成本高、投入大、周期长、见效慢、直接产出低的自然生态保护中投入，也即自然的保护缺少内生动力。因此，必须要让投资自然成为新的经济增长点，促进自然资源资产化、资本化，让自然资本变成可流通、可增长、看得到的货币，让保护自然成为"有利可图"的事业。

二是注重生态保护修复中各方主体的利益协调关系。生态环境是最普惠的民生福祉，生态保护修复不仅关乎社会全体公众的生态福利，也涉及诸多企业、社区、机构、原住民等利益相关主体。例如，一些山区以矿产开采、木材砍伐为支柱产业，一些沿海地区依赖渔业捕捞，传统的资源开发活动是当地居民主要的经济来源和生计保障。当各方为实现长期的共同目标而采取合作关系时，便可减少自利的机会主义行为和利益冲突，在满足个体利益的前提下达成集体利益，形成共赢局面，共享生态福祉。因此，必须要正视各方利益诉求，在生态保护修复中，不仅要注重调整人与自然的关系，更要注重调整人与人的关系，既要协调保护与发展的利益关系，也要协调当代人与后代人的利益关系。

三是以社会—生态系统观点来促进生态保护修复。人与自然是不可分割的生命共同体，随着"人类世"的来临，人与自然彼此融合、相互影响、共同进化，形成社会—生态系统。在生态保护修复中，必须秉持系统观念和系统方法，充分认识到未来不断变化的要素和环境条件，特别是社会经济条件的变化，从而增强社会—生态系统的整体弹性，及时调整生态保护修复监管方向并进行适应性应对。

10.3.2　生态保护修复中注重经济学方法和理论的应用

生态保护修复本身即是自然生态系统与社会经济系统的耦合与整体效益的提升。加强生态学与经济学交叉学科研究，在生态保护修复中引入经济学的分析方法和理论，有助于协调生态、经济与社会的关系，促进可持续发展。

将成本效益分析引入生态学，能为生态保护修复监管提供量化依据。在开展生态保护修复前，运用这一方法全面评估项目所需的人力、物力、财力投入，以及项目实施后可能带来的生态效益、经济效益和社会效益。例如，估算一片湿地修复工程的建设成本、后期维护成本，同时，还要评估修复后在水质净化、生物多样性增加、生态旅游开发等方面产生的收益。通过精确计算成本与效益，监管部门可以判断项目的可行性与合理性，优先选择成本效益比高的项目推进，合理分配有限的资金和资源，确保生态保护修复的高效开展。

产权理论对于明确生态资源的归属和责任意义重大。在生态保护修复监管中，清晰界定生态资源的产权，如森林、河流、矿产等资源的所有权、使用权和收益权，是监管的必要前提。当产权明确后，各利益主体会基于自身利益考量，更加积极地参与生态保护修复工作。例如，将部分集体林地的经营权明确给当地农户，农户为获取长期的经济收益，会主动保护林地生态环境，防止过度砍伐和森林病虫害的发生，同时积极参与植树造林等生态修复活动。这有助于解决生态保护中的"公地悲剧"问题，提高监管效能，减少资源浪费和生态破坏。

　　生态保护修复涉及多个利益主体，如政府、企业、社会组织和当地居民等，各方在决策时存在复杂的利益博弈。运用博弈论分析不同利益主体的行为策略和相互关系，有助于制定更有效的监管政策。例如，政府在制定生态保护修复政策时，应当考虑企业可能的应对策略，以及企业间的竞争合作关系，通过设置合理的奖惩机制，引导企业选择生态环保的生产方式。在生态保护补偿机制中，可以运用博弈论确定合理的补偿标准，使生态保护者和受益者实现利益平衡，以促进各方积极参与生态保护修复，避免利益冲突导致监管失效。

　　传统的经济核算往往忽视生态环境的价值，引入环境价值评估理论能改变这一现状。通过市场价值法、替代市场法、假想市场法等手段，对生态系统的服务功能进行货币化估值，如评估森林的固碳释氧、水源涵养、提供生物栖息地等功能的价值；这些估值结果可以作为衡量生态保护修复效果的重要指标，也能为生态保护补偿、生态损害赔偿等提供量化监管依据。

第十一章　战略导向：
凝聚生态保护修复监管的理念共识

凝聚监管共识是强化生态保护修复监管的重要前提，要重视适应性管理思维的应用，重视生态系统服务的权衡协调关系，重视对生态破坏问题的源头性监管，调动社会各方面积极因素，为生态保护修复监管筑牢理念根基。

11.1　重视适应性监管思维的应用

适应性监管思维提供了理解环境变化和生态保护的一种全新的方式，在这种理念下，我们必须重新认识不断变化的世界，研判生态安全阈值，善于应对变化，进而优化生态保护修复监管具体措施。

11.1.1　重新认识不断变化的环境

传统的监管模式通常基于稳定和可预测的假设，即假定变化是线性递增的（前因后果式的变化）。但在现实世界中，生态系统常常会遭遇突发性的干扰和不可预见的变化，如自然灾害、气候变化的影响等。决定我们赖以生存的社会—生态系统状态的是那些极端事件，而非常规条件。一次长达两年的干旱会摧毁热带草原上的多年生植物，而雨季的到来会使许多新生植物出现。社会—生态系统内不同层级与不同部门（农业、林业、工业、能源等）之间的联系，通常会促使正在运作的系统内部发生变化。而且极为重要的是，线性递增的变化通常只会引起系统细微的变化，那些影响系统发展至关重要的变化往往是无规律且非线性的。澳大利亚麦田肆虐的鼠灾、北美森林暴发的虫灾、一片原本清澈见底的湖泊转眼间水藻蔓延等属于后一种情况。因此,监管理念必须了解并全面考虑不断变化的环境,更要善于应对变化。

11.1.2 重视生态安全的阈值研判和风险防控

弹性思维是国际恢复联盟特别推荐的资源管理新思维方式,被许多学者评价为可持续发展管理的理论基础。基于弹性思维,在生态保护修复监管中,必须重视生态安全阈值研判和风险防控。

阈值又称临界值,是指一种效应能够产生的最低值或最高值。生态系统可以承受一定的外界压力,通过自我调控机制来恢复平衡,当外界压力超出生态系统自我调控机制所能调控的最大限度时,生态系统的自我调控机制将会降低或者消失,这种相对平衡将会遭到破坏,从而导致系统崩溃,这种限度就是生态阈值。生态阈值普遍存在于各个生态系统中,但是,通常只有当阈值被跨越并且系统的行为方式也发生了明显变化后,人们才意识到它们的存在。

生态系统不同的状态之间存在阈值或者断点,当受到外界环境的干扰导致生态群落内的各种资源产生强烈的变化时,生态群落的结构特征也会随之发生急剧变化,这就是生态阈值变化。在阈值以下,生态系统能够在一定范围内自我调节并恢复原状,这就是生态系统的弹性;然而,当扰动超过某一临界值,即阈值时,生态系统会进入一种新的稳定状态,原有的功能和结构会发生显著变化,这种变化往往是剧烈而非渐进的,且很难逆转回到原来的状态。

因此,理解和识别这些阈值对于预防生态系统退化、维护生物多样性和生态系统服务至关重要。在生态保护中,通过揭示生态系统稳态转化与土地利用变化、环境污染、生物入侵、资源利用、气候变化等胁迫因子的相互作用关系,判别不同尺度、不同类型生态安全阈值，预判未来人类活动及气候变化趋势下生态安全格局变化态势，预警全球气候变化和极端天气带来的生态影响，能够为完善生态安全监测、评估、预警、调控管理体系提供科技支撑，提高生态安全预警响应速度，增强生态安全治理的预见性、精准性与高效性。

11.1.3　应用适应性监管思维优化监管活动

在生态保护修复监管中，与其致力于控制自然变化和保障系统处于某种可感知的最佳状态，倒不如多关注不同的系统态势、阈值，以及系统地避免或控制这些态势和阈值的能力，运用适应性监管思维创新监管的知识体系。

通过对全球生态系统综合研究，人们发现，大部分自然系统都要经历一个重复的循环过程，主要包括四个阶段：快速生长、稳定守恒、释放和重组[1]（图 11-1）。

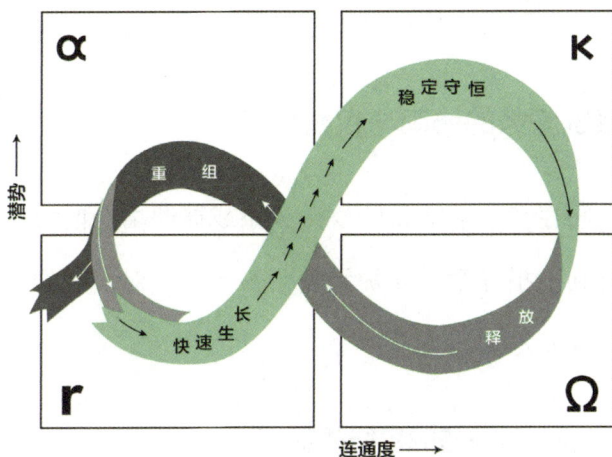

图 11-1　生态系统循环的四个阶段[1]

---

[1] 沃克. 弹性思维：不断变化的世界中社会——生态系统的可持续性 [M]. 北京：高等教育出版社，2010.

因此，在这一循环过程中，适应性监管思维要求要考虑系统的弹性。具体而言，要知道系统正处于适应性循环的什么阶段？它会发生变化即将进入下一阶段吗？在当前阶段，什么样的干扰是恰当的？哪些干扰又是不恰当的？你所处的系统在不同尺度发生着什么？在哪种尺度上采取行动最为关键？这些尺度又会对你所关注的层面带来什么影响？

判定系统中可能（或肯定）会产生阈值效应的关键控制（慢）变量也同样重要，应该在社会和生态系统中寻找这些慢变量并了解其驱动因素。根据这些控制（慢）变量来判定系统可能的变更态势，系统态势的改变通常意味着系统原有的物资和服务供给也要发生变化。

我们要确定实施干预的重点，以避免系统向我们不希望的态势变更。要做到这点，要么改变阈值的位置（通过确定和管理那些决定系统走向的因素），要么改变系统运行的轨迹。要认识到，维持系统弹性要付出一定的代价，归根结底，就是必须在短期可获得的额外收益与长期坚持实施危机管理降低消耗之间做出取舍。

11.2 加强生态系统服务的协同与权衡管理

生态系统服务之间存在此消彼长的权衡关系或彼此增益的协同关系，科学理解和应用这些作用关系有利于指导生态保护修复监管实践，对实现经济发展和生态保护的"双赢"目标也具有重要意义。

11.2.1 正视生态系统多重服务的权衡关系

随着经济社会的发展，人们对生态系统服务有了越来越高的需求，然而，生态系统服务的供给不能无限制增加，甚至不同的生态系统服务之间也存在一定的供给冲突。也就是说，我们需要认识到在生态系统监管过程中，不同服务之间可能会产生竞争甚至冲突。主要表现下。

这种冲突首先会直接体现在经济利益与生态保护修复活动之间，因此，在生态保护修复实践中要清楚权衡关系，注重协调和取舍。例如，资源开采带来的即时经济效益与保护自然景观和生态系统功能的需求相悖，尽管矿产资源开采可以带来直接的经济利益，但过度开采会导致土地破坏、水污染等问题，影响生态系统的健康。在湿地生态系统中，水文调节功能与水产养殖活动之间可能存在冲突，因为水产养殖可能会改变水体流动，影响湿地的自然状态。毁林开荒，收获木材和增加粮食生产潜力所带来的收益与森林生态系统先前提供的调节服务（碳汇、涵养水源、净化空气等）的损失之间要进行权衡协调。

其次，由于不同群体对生态系统服务的需求不同，也会产生利益冲突。如果某社区依赖自然资源进行生计活动便会与政府出于保护目的限制这些活动之间存在矛盾。在自然保护区，当地居民可能依赖森林资源进行生计活动，如采集非木材林产品、狩猎等，但政府为了保护生物多样性，往往会限制这些活动。荒漠生态系统中景观用水、农业用水、牧业用水与居民生活用水之间在水资源分配上要进行权衡协调。科学知识与地方知识之间可能存在差异，即专业研究提供的建议可能与当地社区长期积累的经验不一致。

最后，生态保护修复的短期利益与长期可持续性之间也存在一定的矛盾，表现为某些保护修复活动虽然能收获短时保护效益，但却可能对生态系统造成长远损害。例如，人工造林虽然能在短期内增加植被覆盖率，改善局部环境，但如果选择的树种不适合当地的生态条件，或者种植方式单一化，可能会降低生物多样性，削弱生态系统的自我调节能力。又如，为了迅速恢复受损的湿地而采取的围垦措施，虽然可以在短时间内恢复部分湿地功能，但若忽视了湿地原有的水文特征和生态需求，反而可能导致湿地退化，影响其长期健康。再如，为了治理污染水体而大量投放化学药剂，虽然可以暂时清除污染物，但化学物质的残留可能会对水生生态系统造成长期不利影响。还有，在城市绿化中大量使用外来植物物种，虽然可以快速美化环境，但这些外来物种可能会成为入侵物种，威胁本土植物的生存，进而影响整个生态系统的稳定性。

正因如此，生态系统的多用途管理是一项艰巨的任务。我们必须正视生态系统服务权衡导致的矛盾冲突，注重生态系统服务的权衡与协调，在制定政策和监管措施时，全面考虑各种服务之间的相互关系及其影响，科学地评估和管理生态系统服务，加强生态保护修复监管的综合指导与协调。

11.2.2　加强生态保护修复的综合性监管

平衡生态系统所提供的各种功能和服务，没有简单的、绝对的、"放之四海而皆准"的解决方案，必须要基于区域社会—生态系统自身的特征，从全局性、整体性视角出发，建立由综合部门牵头、多部门协作的协同监管机制。

首先，需要进行详细的生态系统服务评估，识别哪些服务是关键且易受干扰的（如水源保护、食物生产等），并确定这些服务之间的相互依赖关系（如水源保护直接影响下游地区的水质）。

其次，制定相关政策时，开展跨部门的合作与协调，应确保各项决策不会孤立地对待某一项服务，而是综合考虑整体生态系统的健康。例如，农业政策不应仅着眼于粮食产量，还应考虑土地利用对其他生态系统服务的影响。在该机制运行过程中，各有关部门应当秉持系统观念，分析和研究社会系统与生态系统的相互作用，并从不同的角度提出共同的解决方案；综合监管部门应当坚持问题导向、目标导向、结果导向，通过化解不同部门、不同区域政策的冲突点，统一目标、统一策略、统一行动，促进区域生态系统服务的最大化。

最后，需要建立一套有效的生态监测体系，定期评估生态系统服务的状态及其变化趋势，以便及时发现任何潜在的服务下降或冲突加剧的情况。例如，当某一地区森林覆盖率急剧下降时，应立即调查原因及对其他服务的影响。

11.3　强化对生态破坏问题的源头性监管

在现阶段生态保护修复监管具体实践中，事后监管仍然占据主要地位，从而造成一定程度的监管被动。提高生态破坏问题的源头监管能力，就是要深刻理解生态破坏问题背后的深层次根源，把监管的重心从事后转向事前，重视生态风险评估，真正做到"治未病"。

11.3.1　充分认识到社会—生态系统是复杂的综合体

社会—生态系统是一个复杂的综合体，其内部各组成部分之间相互影响，表现为自然环境与人类社会活动之间的紧密耦合。传统的资源管理方式即"命令和控制"方式，总是倾向于将人类排除在系统之外，没能认识到具备适应能力的复杂社会—生态系统有其自身的发展趋势；也没能认识到人也是自然的一部分，人与自然有着深刻的互馈关系，总认为人是自然的主宰，缺乏彼此的和谐。其实，人类社会—经济—自然是一个复杂的综合体——复合生态系统（图 11-2）。

从功能来看，自然环境提供生态服务，如清洁的空气、水源和食物，支撑着人类的生活与发展，而人类活动，如农业生产、城市建设和工业排放等，则反过来影响着生态系统的健康与功能。

从结构来看，社会经济结构与生态系统的互动也十分明显。社会经济结构决定了资源的配置方式，如农业、工业和服务业的比例分布，当经济活动超过生态系统的承载力时，就会导致资源枯竭和环境污染。例如，渔业过度捕捞不仅耗尽了海洋资源，还影响了沿海社区的生计。不同的产业发展模式对环境有不同的影响，传统高能耗、高投入的重工业模式可能会导致严重的空气和水污染，而绿色低碳经济则致力于减少温室气体的排放，产业转型和技术进步可以促进经济与生态的协调发展。

生存环境、社会制度、文化和价值观同样塑造着人类对自然环境的认知与管理方式。我国大多数少数民族都强调与自然和谐共存的理念，能够促进可持续发展的实践。面对气候变化等全球性挑战，社会—生态系统中的反馈机制变得更加复杂，自然灾害频发不仅考验着生态系统的弹性，也对社会经济系统的弹性提出了更高的要求。

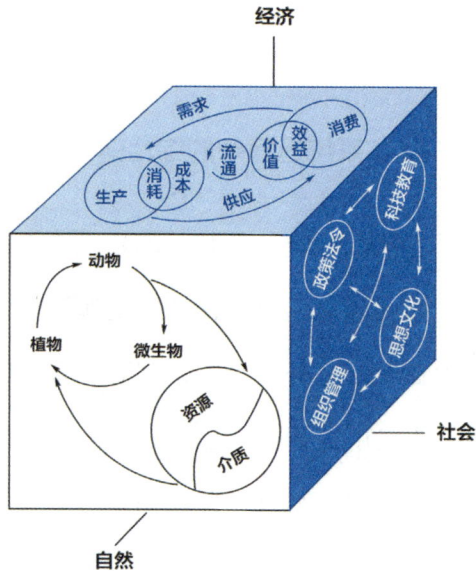

图 11-2 社会—经济—自然复合生态系统示意图[1]

由此可见，社会—生态系统自身的复杂性、综合性特点决定了生态保护修复监管的系统性，不仅要考虑自然生态系统的恢复，还要兼顾社会经济的可持续发展。这意味着，监管必须跨越单一部门，采取多领域的协作，同时保持监管框架的灵活性，能够随着环境和社会经济条件的变化而调整，以适应不断出现的新挑战。

---

[1] 马世骏，王如松. 社会—经济—自然复合生态系统 [J]. 生态学报，1984(1):1-9.

11.3.2　强化对社会经济活动的源头性监管

社会—生态系统的动态互动关系，决定了生态保护修复监管不能只关注生态维度，而是必须兼顾生态和社会经济维度，特别是后者，在当前监管体系中往往被弱化、忽视。因此，生态保护修复监管不能孤立地管理生态系统，要重点关注社会经济活动对生态系统产生的影响，制定相应的监管措施。要注重行政与经济手段相结合，负面约束与正面激励相结合，创新和丰富市场化多元监管工具，将生态要素作为一种新型的生产要素，运用市场机制调整经济利益关系，让保护修复者获得合理回报，让破坏者付出相应代价。

首先，在生态保护修复过程中，要充分考虑社会经济因素的影响。通过在项目策划阶段引入社会经济影响评估机制，确保生态保护修复在改善生态环境质量的同时，也能促进地方社会经济发展。例如，为加强草原生态系统管理，"以草定畜"制度既保证草原生态系统的稳定，又保证牧民持续稳定的收入。

其次，注重行政与经济手段相结合。通过行政手段如法规制定、规划引导等，来规范生态保护修复行为；同时利用经济激励手段如财政补贴、绿色信贷等，激发社会各界参与生态保护修复的积极性，从而形成行政推动与市场激励的双重驱动机制。例如，为加强社会经济活动用水管理，通过水价调节机制，水资源管理重点已经从增加供水（主要依靠修建水坝和水库）转向通过节约或改进技术来减少需求。

最后，注重负面约束与正面激励相结合。在监管过程中既要设立严格的环境保护标准和惩罚措施，防止破坏生态环境的行为，也要通过政策支持、资金扶持等正面激励措施，鼓励企业和个人主动参与到生态保护修复活动中，从而构建一套既有刚性约束又有柔性激励的监管体系。特别是要灵活运用多元化的正面激励政策，如绿色信贷、税收优惠、财政奖补等，吸引社会资本投入生态保护修复中，让生态保护行为成为经济上的可行选择。加强监管体系内的信息共享和透明度建设，确保所有利益相关方都能获取到生态保护修复项目的相关信息，以此来激励相关主体的参与积极性。

11.4 调动全社会各方面积极因素

我国的生态文明需要全民共同参与、共同建设、共同享有，每个人都是生态环境的保护者、建设者和受益者。加强生态保护修复多元共治，要协调好国家与社会的关系、国内与国际的关系，激发全社会共同呵护生态环境的内生动力，携手构建人类命运共同体。

11.4.1 协调国家监管与社会监督关系

在生态保护修复监管中，作为公权力的代表，国家固然肩负着制定环保法律法规、规划政策以及监督执行的重任，但也必须重视调动全社会监督的积极性。社会监督主体包括非政府组织、媒体和公众等，它们通过参与环境治理、提供志愿服务、开展环保宣传以及监督政府和企业的环保行为等多种方式，在生态保护修复监管中发挥了重要作用。社会监督覆盖面广，能及时发现政府监管难以触及的问题，能够弥补政府监管力量的不足；多元主体参与形成合力，能够增强监管力度和效果；通过参与社会监督，公众的环保意识和责任感不断增强，从而推动形成全民共治、共享格局。因此，要进一步加大信息公开力度，搭建生态破坏问题网络举报、热线电话等监督平台，鼓励媒体曝光生态破坏行为，建立健全举报奖励制度和监督反馈制度，推动社会监督作用的发挥，从而不断提升生态保护修复监管水平。

11.4.2 协调国内监管与国际合作关系

在全球化背景下，生态环境保护问题跨越国界，单个国家的努力难以应对跨区域乃至全球性的生态环境挑战，因此需要国际社会的共同努力来实现人类可持续发展目标。生物多样性公约第十五次缔约方大会上通过的《昆明—蒙特利尔全球生物多样性框架》提出："这是一个为所有人——整个政府和全社会制定的框架，其成功需要政府最高一级的政治意愿和承认，并依靠各级政府和社会所有行为体的行动与合作。"

在国内层面，各国有责任制定并执行符合可持续发展目标的环境保护政策，通过加强国内立法、提升监管能力、促进绿色技术和清洁生产方式的应用，从根本上改善生态环境状况。在国际层面，则需要通过多边或双边合作机制，共同制定并遵守国际环保协议，共享环保技术与信息，提供必要的资金支持和技术转移，特别是发达国家向发展中国家提供帮助，以增强后者应对环境问题的能力。国际组织和非政府组织也扮演着重要角色，它们通过推动全球性的环境保护倡议、开展跨国界的研究项目和教育活动，促进不同国家和地区之间的交流与合作。只有当国内与国际两个层面的行动相互配合、相互支持，才能在全球范围内建立起有效的生态保护修复机制，从而共同应对气候变化、生物多样性丧失等严峻挑战。

第十二章　体制创新：加强生态保护修复统一监管

克服监管失灵，增强监管体系活力，提高综合监管效能，迫切需要进一步创新体制机制，进一步明确统一监管的总体思路、协作机制、支撑能力，从而构建多层次、全覆盖的监管格局。

12.1　加强生态保护修复统一监管

一般来说，监管体制可分为"政监合一"和"政监分离"两种模式。"政监合一"是指政府的政策制定部门与监管执行部门合二为一的监管体制模式："政监分离"是指政策制定机构和监管执行机构相互独立的监管体制模式。这种模式的政策制定通常由政府的相关行政部门负责，而监管执行则由专门设立的独立监管机构承担，从而形成权力制衡。政策制定部门在制定政策时需要考虑监管机构的意见和实际监管情况，而监管机构在执行监管时也需要依据政策部门制定的法律、法规等政策文件，二者相互监督和制约。

在监管实践中，采取"政监合一"还是"政监分离"，并没有统一的、固定的模式，而是要根据具体情况和需要，具体选择。在生态环境领域，大部分情况下采取的是"政监合一"模式，即自然资源、林草、水利、农业农村等部门各自管理相应的生态系统，并同时负有监管责任。这样的监管模式有其合理性和好处，便于在全球气候变化及人类活动快速发展变化背景下，相关部门可以及时调整政策和监管策略，确保生态环境政策在制定和执行环节的连贯性。然而，这种监管模式的弊端主要是集政策制定与监督管理于一体，既是运动员，又当裁判员，会出现部门利益优先导致整体可持续目标受损，部门内部可能会形成一种封闭的决策和监管环境，缺乏对生态环境变化的前瞻性和预警机制等，客观上造成监管失灵。

监管失灵是指政府或相关监管机构未能有效地通过法规、政策和其他手段来实现预期的公共政策目标，通常会导致监管达不到预期成效，或监管效果的取得代价过高，或是产生了新的非预期负面后果。生态保护修复监管失灵的表现形式多样，包括但不限于生态保护修复监管部门的协同不足，导致出现过度监管或监管不足情况，前者会增加相关市场主体合规成本，抑制市场发展活力，后者则可能导致风险控制失效，引发监管失败。各行业部门监管标准的差异容易造成信息不对称，被监管者可能会利用信息优势规避监管，或者使监管者无法获得足够的信息来做出正确决策。也有可能发生行业内的企业或利益集团对生态保护修复监管机构施加影响的情形，使监管政策倾向于保护特定群体的利益而非公共利益，而出现"监管俘虏"现象。

鉴于"政监合一"模式的上述弊端，迫切要求在行业监管之外，进一步加强生态保护修复的综合指导、协调与监督职能。其好处如下。

一是有利于强化评估整体生态保护修复监管成效。行业部门的监管成效可能会侧重系统内部，无法充分考虑跨行业、跨领域的生态环境问题以及复杂的生态系统交互影响。综合性的外部监督职能则可以从整体自然生态系统出发，覆盖各行业涉及的生态保护修复，提升监管的全面性与系统性，促使各部门的内部监管形成合力，避免出现部门间监管协调衔接不畅、监管标准不一致等问题。

二是确保监督的独立性与客观性。综合性监督部门作为外部监督主体介入，能站在更为宏观和中立的角度审视各行业部门生态保护修复监管成效，防止行业部门从自身利益和管理视角出发，制定可能过于侧重自身所负责生态系统的相关政策，同时避免内部监督可能出现的"护短""走过场"等问题，从而对各部门生态环境政策执行、监管执法等环节进行更公正、严格的监督。

三是增强生态保护修复监管前瞻性与预见性。在生态保护修复工作中，行业部门的工作重心更多地倾向于应对当下已经出现或者即将面临的直接问题。相较之下，综合性监督部门能够以更为宏观和全面的视角审视整个自然生态系统，更加注重事前监管和风险防范，在生态保护修复监管中能够发挥前瞻性与预见性的引领作用。例如，在湿地生态系统的保护修复监管中，生态环境部门可以基于对湿地生态系统演变规律的长期研究以及对全球气候变化趋势的综合研判，提前督促相关地区和行业部门制定湿地适应性管理策略，以增强湿地生态系统应对未来风险的能力。再如，生态环境部门着力构建生态安全监测、评估、预警和调控体系，通过揭示生态系统稳态转化与土地利用变化、环境污染、生物入侵、资源利用、气候变化等胁迫因子的相互作用关系，预判未来人类活动及气候变化趋势下生态安全格局的变化态势，预警全球气候变化和极端天气带来的生态影响，提高生态安全预警响应速度，增强生态安全治理的预见性、精准性与高效性。

12.2 生态保护修复统一监管的总体策略

生态保护修复统一监管是一项系统性工程，涉及多个领域和众多环节，要进一步明确总体思路，确立统一监管原则和总体目标，从而为具体的行动指明方向，形成监管合力。

12.2.1 生态保护修复统一监管的基本原则

加强生态保护修复统一监管，强化生态保护修复综合指导、协调与监督职能，必须统筹把握好以下几个原则。

（1）统筹近期与远期

近期重点解决生态系统受损退化、人为生态破坏等老百姓关心的突出生态问题，促进生态系统功能逐步恢复。远期统筹考虑应对气候变化与生态保护协同增效，将会有效减缓和适应气候变化，从而降低潜在的风险。

（2）统筹全面与重点

以自然保护地、生态保护红线等核心和关键生态空间为重点，全面加强其他重要生态空间用途管制，积极推动农田、城市生态保护修复监管和生物多样性保护。

（3）统筹综合与行业

综合性监管部门切实履行好"更高层次、全覆盖"生态保护修复监管职责，做好"裁判员"，统一制定和完善生态保护相关政策标准，加强生态保护统一监管。相关资源要素部门重点落实好各项生态保护修复具体措施。建立完善生态保护多部门的定期沟通协调机制，完善数据共享机制，推动形成生态保护工作合力。

（4）统筹整体与局部

国家层面持续加强生态保护工作的顶层设计与统一部署，并统筹考虑相关政策的全国适用性与不同区域差异性，避免出现"一刀切"。地方层面在落实国家有关政策要求的基础上，进一步细化完善具有区域特色的生态保护政策措施，以促进各项政策落地见效。

（5）统筹行政监督与社会监督

建立以政府为主导、全社会共同参与的生态保护监督管理工作格局。国家和地方生态环境部门统筹推进生态保护监督管理工作，及时发现和遏制各类生态破坏问题。同时充分利用媒体曝光、群众举报等途径及时发现问题线索，强化信息公开，接受社会监督。

12.2.2 生态保护修复统一监管的总体目标

加强生态保护修复统一监管，强化生态环境部门综合指导、协调与监督职能，目标是提高生态保护修复监管的整体性、协同性、前瞻性和有效性。

（1）提高监管整体性

通过强化生态保护修复统一监管，将自然生态系统视为一个相互关联的整体来考虑，不仅要关注单一生态系统的保护和修复，还要重视不同生态系统之间的互动关系以及它们对整个环境的影响。

（2）提高监管协同性

通过生态保护修复统一监管，推动建立有效的沟通机制，促进信息共享和技术交流。制定统一的标准和流程，避免重复监管和资源浪费。面对复杂的生态环境问题，强化跨部门合作，整合自然资源管理、农业、林业、水利等部门的力量，共同推进生态保护修复。

（3）提高监管前瞻性

前瞻性意味着在面对全球气候变化和人类活动带来的挑战时，能够提前预见潜在的问题并采取预防措施。通过生态保护修复统一监管，跳出现有的日常性的、事务性的监管局限，不断健全完善生态监测预警体系，基于科学评估调整政策方向，以适应和应对未来可能出现的新情况。

（4）提高监管有效性

监管的有效性是指所采取的监管措施能够达到预期的目的。通过强化生态保护修复统一监管，确保相关政策设计科学合理，执行力度足够强大。同时，建立一套完善的绩效评价体系，定期审查各项工作的进展和成效，注重成本效益分析，在追求最佳生态保护修复成效的同时，尽量降低社会经济成本，从而提高组织运行效率。

12.3　生态保护修复统一监管的重点方向

基于生态保护修复统一监管总体思路，有必要进一步明确监管的重点方向，将短期行动与长远规划相结合，不断优化完善生态保护修复统一监管体系。

12.3.1　加强对重要生态空间的统一监管

重要生态空间是指那些对维持生态系统功能、保护生物多样性以及提供关键生态系统服务具有特别重要意义的地理区域，通常包括自然保护地、生态保护红线区域、重点生态功能区等。这些区域涵盖了绝大部分的自然生态系统，是提供优良生态系统服务的核心区域，对人类经济社会的健康发展至关重要。然而，生态系统功能和服务的发挥往往依赖于生态系统的整体性和完整性，以往行业监管的分散式、碎片化管理在空间上亦呈现出交叉分割的状态。近年来，学界呼吁提倡将提高生态系统的完整性作为公共政策的基本原则，并以此为价值基础确定公共环境政策的目标。这就要求以自然生态系统所在的生态空间为整体，加强统一监管。

一是进一步指导监督国土空间规划体系完善及落实。以全国国土空间规划纲要为依据，加强全国生态状况评估和生物多样性调查评估结果的应用，通过开展规划环境影响评价，统筹布局生态、农业、城镇等功能空间，强化生态安全底线约束。监督生态保护红线、永久基本农田、城镇开发边界三条控制线的落地实施，推动形成主体功能明确、适应高质量发展的国土空间开发保护格局。落实生态环境分区管控方案和生态环境准入清单制度，明确生态目标要求并监督落实，从源头上防止不合理开发建设活动占用扰动生态空间。

二是进一步指导监督自然保护地空间布局优化。建立健全自然保护地设立调整审核机制，切实加强生态空间保护。加快推进以国家公园为主体的自然保护地体系建设，强化对自然保护地整合优化工作的监督，推动新建立一批国家公园和自然保护地，严格自然保护地范围和功能区调整的监督，加强自然保护地保护成效评估及成果应用。

三是进一步指导监督生态保护红线生态环境质量改善。指导监督生态保护红线空间落地与勘界定标工作。建立生态保护红线调整审核机制，防止"调优补劣"。加强部门沟通协作，建立部门数据信息共享机制，对有限人为活动实施严格的生态环境监督，严格控制各类开发利用活动对生态保护红线的占用和扰动，防止以生态建设之名行生态破坏之实。

四是指导协调其他重要生态空间保护。提升重要生态空间识别能力，将生态系统恢复明显且功能极其重要的区域，考虑纳入自然保护地、生态保护红线监管；将生态功能一般重要的区域作为生态红线"占补平衡"后备资源，严格生态风险监管。严格审批、依法开展一般重要生态空间向农业空间或城镇空间的转化利用，引导促进自然资源可持续利用。加强河湖水域岸线的空间管控，保护生态价值重要的洲滩湿地及其自然岸线和河湖岸线。统筹海洋生态保护与开发利用，构建以海岸带、海岛链和各类保护区为支撑的"一带一链多点"海洋生态安全格局。

五是积极推进城市和农村生态空间保护。加强城市陆域生态调查评估，对城市水系、湿地、绿地等自然资源和生态空间开展摸底调查。开展城市生态系统格局、构成和过程及其演变研究，摸清城市陆域生态系统本底，识别主要生态问题和重点治理区域，有针对性地开展生态治理。推进农业生态系统稳定多样，提升农业生态价值。促进资源节约和投入品减量使用，加强废弃物资源化利用。健全农业生态环境监测体系，优化监测点位布局，开展农产品产地环境等监测。大力实施农村环境整治，进一步改善城乡人居环境。

12.3.2　构建统一的生态保护修复绩效评估体系

构建统一的生态保护修复绩效评估体系，对于确保生态保护修复的有效性、透明度和可持续性具有至关重要的意义。一套统一且标准化的绩效评估体系可以识别出更高效、更具成本效益的解决方案，进而优化资源配置，为科学决策提供可靠的依据。

一是推动开展多尺度的生态状况评估。从全国、重点区域、生态保护红线、自然保护地、重点生态功能区五个方面推动开展生态状况评估。以五年为周期开展全国生态状况遥感调查评估，全面掌握我国生态状况变化的总体态势。根据生态保护修复监管重点区域生态监测结果和区域生态破坏问题发生情况，针对性地对部分重点区域开展年度生态状况动态评估。"五年＋年度＋不定期"开展生态保护红线和自然保护地及重点生态功能区的生态环境保护成效评估。

二是加强生态保护规划及相关政策制度落实情况评估。加强对各地生态保护规划的编制指导与实施情况监督。重点评估生态保护规划年度工作计划推进情况、规划目标指标完成情况、重点任务与措施推进情况、重点工程实施情况以及规划实施配套制度执行情况等。加强对生态保护补偿、生态损害赔偿、重点生态功能区转移支付等生态保护修复相关政策制度落实情况与实施成效监督，建立动态考核评估机制，强化考核结果运用。建立生态保护工作报告制度，有关部门和地方要定期向生态环境部门报告生态保护相关工作进展和成效。

三是全链条加强生态保护修复重大工程监管。根据生态质量监测、生态状况评估以及生态基线调查评估结果，指导编制全国生态保护修复规划，提出生态保护修复重大工程建议。加强生态保护修复工程过程监管，重点监管生态保护修复相关政策与标准的落实情况，在工程实施过程中，定期或不定期检查发现的生态环境相关问题的整改情况等，监督检查结果及时反馈工程主管部门和实施单位。加强生态保护修复工程实施成效评估，将生态保护修复工程实施成效评估结果纳入生态保护修复实施责任主体绩效考核，以强化成效评估结果应用。

12.3.3　强化生物多样性保护综合协调

《中共中央关于进一步全面深化改革　推进中国式现代化的决定》部署了未来五年深化生态文明体制改革的重要举措，明确提出了"强化生物多样性保护工作协调机制"的任务要求。对此，应充分发挥生物多样性协调机制的统筹协调作用，巩固优势、补齐短板，推动生物多样性治理迈上新台阶。

一是持续开展生物多样性调查监测评估。构建以提升生物多样性保护成效为主线的调查、监测及评估长效机制，推进生物多样性保护优先区域及黄河重点生态区、长江重点生态区、京津冀、近岸海域等重点区域的生态系统、重点物种及重要生物遗传资源调查。加强旗舰物种、重点物种、濒危物种调查评估，掌握重点保护对象受威胁程度，提出针对性保护措施。完善生物多样性评估制度，定期发布《中国生物多样性红色名录》《中国的生物多样性保护》白皮书等。建设生物多样性数据汇交平台，促进生物多样性数据在环境影响评价、保护成效评估、生态损害鉴定等领域的应用。

二是强化生物多样性保护成效监管。完善迁地保护监管制度体系，对动植物园、树木园、水族馆、珍稀濒危生物扩繁和迁地保护中心、野生动物收容救护中心和保育救助站、种质资源库（场、区、圃）、微生物菌种保藏中心等生物多样性迁地保护的载体进行监管。构建完善就地系统监管制度体系，着力解决自然景观破碎化、保护区域孤岛化、生态连通性降低等突出问题。针对珍稀濒危物种、极小种群和遗传资源破碎分布点开展抢救性保护。

三是加强生物遗传资源获取与惠益分享监管。建立健全遗传资源、遗传资源数字序列信息（DSI）及其相关传统知识惠益分享制度，完善生物遗传资源的获取、利用、进出境审批责任制和责任追究制，强化生物遗传资源对外提供和国际合作研究利用的监督管理。

四是依法推进生物技术环境安全监管。健全完善生物技术生态风险评估机制，健全生物安全事件应急预案编制和检查机制，建立健全生物技术环境安全评估与监管技术支撑体系。建立生物安全培训、跟踪检查、定期报告等工作制度。

五是提升外来入侵生物监管能力。加强对农田、渔业水域、森林、草原、湿地、近岸海域、海岛等重点区域外来入侵物种及人为引进物种的调查监测，完善入侵生物风险预警体系，强化外来入侵生物治理成效的监管。

六是推进重点行业／领域生物多样性保护监管。强化农业生物资源开发和可持续利用动态监管，推进生物资源受控共享、安全交换和有序开发，发展生态农业、共生种养等生物多样性友好做法，提高病虫害绿色防控水平。将生物多样性纳入城市规划和各部门政策制度体系，鼓励制定和实施城市生物多样性保护专项规划。建立城市生物多样性调查评估技术规范，引导本土植物资源保护与可持续利用，推进生物多样性友好型城镇建设。

12.3.4 强化生态保护修复监督执法

强化自然保护地和生态保护红线生态破坏监督执法。突出对国家级自然保护区以及长江经济带、黄河流域、秦岭、青藏高原等重要生态屏障区域的各级各类自然保护地监督检查，逐步将国家公园、自然公园纳入监督范围，遏制自然保护地内的各类违法违规行为。依托国家生态保护红线监管平台，以发现问题、推动整改为主线，建立常态化生态保护红线生态破坏监管机制。针对遥感监测发现的问题线索，规范生态破坏问题管理，做到及时查处，及时跟踪调度，及时通报督办。

完善生态保护联动执法机制。深化生态环境保护综合行政执法改革，开展生态保护修复巡察，健全跨区域、跨部门联合执法机制，形成执法合力。加大生态环境综合行政执法力度，依法查处重要生态空间违法违规的人为活动。完善行政执法与环境司法衔接机制，强化政策与标准供给，提升执法效能。

12.3.5　不断健全和完善生态监测体系

加强全国生态监测体系是生态保护修复统一监管的必要前提和基础保障。全面、系统的生态监测数据是科学决策的重要参考依据。

一是构建全国生态质量监测网络。依托生态环境监测网络，优先建立覆盖生态保护红线、自然保护地、重点生态功能区和生物多样性保护优先区域等重要生态空间生态监测站点与样地，逐步建立涵盖森林、草原、湿地、重点湖库、海洋、农田等重要生态系统和重要保护物种的生态质量（生物多样性）监测网络，具备开展全方位生态监测的能力，实现遥感监测与地面监测有机协同。全国生态质量监测样地类型分布见图 12-1 所示。

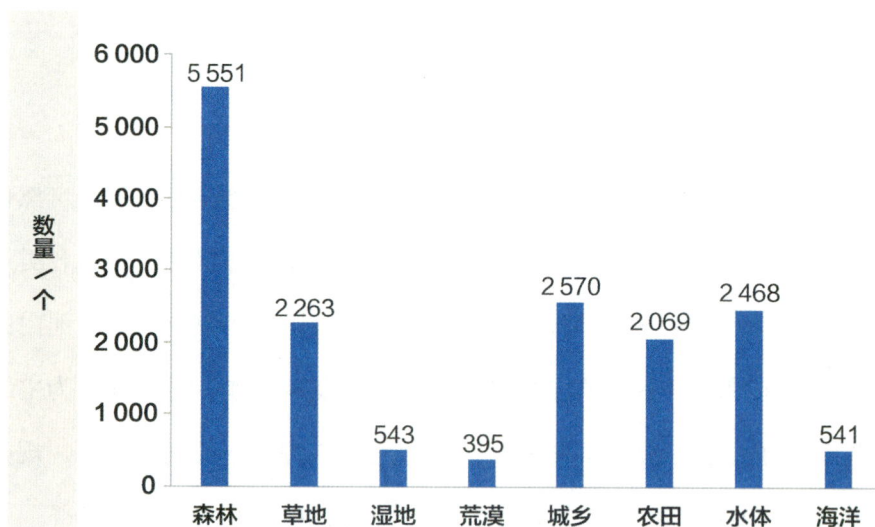

图 12-1　全国生态质量监测样地类型分布[1]

---

[1] 数据来源：《全国生态质量监测样地设置方案》。

第十三章　制度创新：
为生态保护修复打开更多"绿灯"

创新生态保护修复监管制度，不仅回答"不能做什么"，更要回答"能做什么"。通过健全生态保护修复监管法律法规体系和标准规范体系，完善生态保护规划体系，推动激励性政策的完善与实施，优化行政监管策略，为生态保护修复打开更多"绿灯"。

13.1　健全生态保护修复监管法律法规体系

加快制定《生态环境法典》，扭转中国当前由《中华人民共和国环境保护法》以及众多自然资源、污染防治、生态保护等单行法构成的分散立法格局[1]，推动建立系统、完整的生态保护法律制度体系，提升将生态环境保护工作纳入法治轨道的制度化、规范化水平，为生态保护修复监管提供顶层法律保障。其中，"生态保护编"是生态保护修复监管的主要依据，在解决生态保护和资源开发利用的矛盾、理顺要素监管和统一监管的关系、统筹国内立法和国际履约以及体现"双碳"战略要求等方面进行了适度创新。

《中华人民共和国环境保护法》第十条："国务院环境保护主管部门，对全国环境保护工作实施统一监督管理；县级以上地方人民政府环境保护主管部门，对本行政

---

[1] 中国新闻网，2024年10月19日400余位专家学者聚焦编纂具有中国特色的生态环境法典．

区域环境保护工作实施统一监督管理。"对监管职责做出了明确的规定，但是在区域法和要素法中，生态保护修复监管的法律授权比较模糊，在具体实施过程中，内部监管与外部监管相混淆。因此，要不断完善和健全生态保护修复监管法律法规体系。推动修订《中华人民共和国环境保护法》，强化生态保护修复监管相关规定，夯实生态保护修复监管法律基础。在《中华人民共和国长江保护法》《中华人民共和国黄河保护法》《中华人民共和国青藏高原生态保护法》《中华人民共和国黑土地保护法》实施过程中，加强生态保护修复监管集成创新与实践经验总结，确立并逐渐完善流域区域生态监管法律地位。

13.2　健全生态保护修复监管标准规范体系

生态保护修复监管标准规范可以有效地指导生态保护修复监管的具体实施，确保生态保护修复监管有章可循、有据可依。组织编制包括生态系统与生物多样性术语、分区分类标准、生态系统背景标准值等生态基础标准。推动建立统一的生态系统和生物多样性调查监测标准，包括调查监测网络、调查监测方法以及样品与设备标准等。完善生态系统质量、保护成效、风险和损害评价标准。健全生态破坏认定、生态损害赔偿、生态保护补偿、生态文明示范创建、监督执法和考核等生态保护修复监管标准规范。

13.3　完善生态保护修复规划体系

生态保护修复规划体系为各部门、各地区推进生态保护修复和生物多样性保护提供科学指引。完善《全国生态保护修复规划》和《中国生物多样性保护战略与行动计划》编制机制，强化战略引领和指导作用。完善生态保护修复重大工程与生物多样性保护重大工程协同机制，将战略目标与规划转化为具体的行动和工程。对重要生态功能区、生态脆弱区、生物多样性保护优先区等重要区域及国家重要战略区，针对性研究制订生态保护修复和生物多样性保护专项规划，形成由战略规划到具体工程，再到区域统筹布局的生态保护修复规划体系。

13.4　推动激励性政策的完善与实施

生态保护修复的激励性政策主要包括生态保护补偿、绿色金融、生态产品开发与交易等。激励性政策能够有效激发全社会资源，提高生态保护修复的积极性和参与度。

13.4.1　健全生态保护补偿机制

生态保护补偿机制是一种典型的激励性制度安排，主要通过财政纵向补偿、地区间横向补偿、市场机制补偿等机制，对按照规定或者约定开展生态保护的单位和个人予以补偿。

纵向生态保护补偿主要通过中央财政转移支付实施。要同步推进综合补偿和分类补偿，通过重点生态功能区转移支付，引导地方加强生态环境保护，支持基本公共服务保障能力提升。根据具体情况，不断完善重点生态功能区转移支付办法，进一步聚焦对重点生态县域、生态功能重要地区的支持。不断健全生态保护补偿激励约束机制，中央财政根据生态环境质量监测评估结果，实施考核奖惩，实现转移支付资金分配与生态保护绩效紧密挂钩，引导地方摒弃破坏生态的发展模式，调动地方保护生态环境的积极性[1]。

横向生态保护补偿是纵向生态保护补偿的有益补充，要鼓励生态产品供给地和受益地按照自愿协商原则，综合考虑生态产品价值核算结果、生态产品实物量及价值量

---

[1] 赵陈怡. 中央财政在生态保护补偿方面发挥关键作用 [N]. 中国财经报,2024-05-18(3).

等因素，开展横向生态保护补偿。继续探索异地开发补偿模式，在生态产品供给地和受益地之间相互建立合作园区，健全利益分配和风险分担机制[1]。因地制宜、因时制宜地调整优化机制设计，完善补偿基准、拓宽资金使用范围等。深化流域等重点领域横向生态保护补偿相关技术方法研究，完善生态产品相关指标监测、数据统计和共享机制，形成扎实的基础数据和科学的操作指南。优化完善横向生态保护补偿资金分配—使用管理—绩效评价全链条体系建设，形成横向生态保护补偿全周期动态跟踪机制[2]。促进横向生态补偿方式多样化，积极发展间接型横向生态补偿、金融帮扶型横向生态补偿、市场交易型横向生态补偿等多样化的横向生态补偿方式[3]。

13.4.2　强化绿色金融支持

绿色金融不仅是一种金融工具，也是一种激励性政策，通过为具有生态环境效益的项目提供融资和支持，激励企业和个人主动参与生态环境保护，从而促进社会可持续发展。

一是加大绿色金融在重点领域的支持力度。引导绿色金融重点支持绿色低碳项目、山水林田湖草沙一体化保护和修复工程、生物多样性保护重大工程、跨区域生态保护补偿机制等领域。

二是丰富金融产品和服务形式。探索碳金融、生物多样性金融、气候金融、转型金融等细分领域的创新金融产品。开发与资源环境要素相关的绿色信贷、绿色保险、绿色债券、绿色资产支持证券等多样化的产品和服务。

三是提升绿色金融精准性。促进多样化的绿色金融产品在更多场景中的推广应用，

[1] 中华人民共和国中央人民政府．中共中央办公厅、国务院办公厅印发《关于建立健全生态产品价值实现机制的意见》．2021-04-26.
[2] 刘桂环．如何推进生态综合补偿，健全横向生态保护补偿机制？[N].中国环境报，2024-08-13.
[3] 张伟．促进横向生态补偿方式多样化[N].光明日报，2021-04-06.

覆盖更多内容，并从省级不断下沉到市级、县级甚至更小的区域范围。鼓励各地区根据自然地理位置和区域特色，探索适宜的绿色金融发展模式，并在本地区进行全面布局。加强数智技术的应用，推动金融机构精准识别那些具有良好环境表现（或潜力）、积极推动绿色转型的企业，确保金融产品和服务精准流向生态保护修复、资源节约与循环利用等绿色产业和项目。

13.4.3 持续推进生态产品价值实现

建立健全生态产品价值实现机制是从源头上推动生态环境领域国家治理体系和治理能力现代化的必然要求，通过多种多样的生态产品价值实现路径与模式，真正实现"让保护者有利可图"，激发全社会生态保护修复的内生动力。

一是持续提升生态产品供给能力。通过生态保护修复统一监管，注重长期的生态系统支持服务功能提升。针对自然生态空间、农业空间、城市空间构建差异化的监管政策体系，既要提升粮食、林产品、畜牧产品、渔产品等优质物质供给产品的质量，也要注重水源涵养、土壤保持、防风固沙、洪水调蓄、空气净化等调节服务功能的发挥。着重挖掘生态文化价值，提升从生态系统中获得的非物质惠益，满足人民群众对美好生活更高层次的向往。

二是完善生态产品价值核算及结果应用机制。持续探索建立统一的、标准化的生态产品核算方法和指标体系，确定更为精准的价值核算参数和方法，细化不同类型生态产品的核算细则，提高核算结果的科学性、准确性和可比性。借助大数据、人工智能、卫星遥感、物联网等技术，完善生态产品监测体系，推动实现生态产品数据的实时、动态监测和收集，夯实生态产品价值核算的数据基础。探索全尺度、体系化的生态产品价值核算结果应用机制，探索生态产品总值（GEP）进规划、进项目、进决策、进政策、进考核等的具体实施路径。创新探索生态产品价值核算结果在市场化实现机制中的联动与应用，如将其作为自然资本价值评估依据、权益交易依据等。

三是不断提升生态产品的生态溢价和附加值。根据不同类型生态产品的特点，对生态产品进行全方位、多角度的经营开发，不断拓宽生态产品转化为经济效益的渠道。通过推广绿色生产技术、加强生态产品认证、挖掘生态要素溢价、加强生态品牌推广、业态创新等措施，推动物质供给类生态产品价值实现。凝聚生态系统调节服务价值的全社会共识，利用市场贸易、绿色信贷、市场化补偿、期货期权、绿色保险、绿色资产支持证券等多样化措施，推动不同类型的调节服务类生态产品价值实现。深入挖掘不同特色的生态文化内涵，加强生态文化保护与传承，通过打造沉浸式文化体验项目、开发文化创意产品、加强特色生态文化宣传推广等形式，推动文化服务类生态产品价值实现。

13.5　优化行政监管策略

优化生态保护修复行政监管策略，持续深化简政放权。按照方便企业、群众办事及有利于激发创业创新活力原则，进一步研究下放或委托审批事项，推动环评权限下放至市县层级；对相同、相近或相关联的审批事项，要一并取消或下放，提高放权的协同性和联动性。

大力推行非现场、穿透式和"无感式"生态保护修复行政监管执法，不断完善非现场监管执法体系，开展智慧监管执法试点。深度融合污染源监控、环境质量监测、卫星遥感、用电用能等信息，加强大数据、人工智能、物联网等技术运用，形成线索识别算法库和规则库，不断完善线索筛选、问题识别、智能预警机制[1]，实现对生态环境违法行为的实时、远程、智能化监控和预警。"无感执法"通过技术赋能

---

[1] 中华人民共和国生态环境部，12月例行新闻发布会答问实录，2024年12月25日。

减少干预、制度优化提升效能，实现"数据跑腿替代人工巡查、智能研判替代经验执法、全程服务替代事后处罚"的转型，推动生态环境行政监管执法向精准化和人性化迈进。

13.6　推动生态保护修复的社会多元共治

生态保护多元共治治理模式为解决复杂情境下的生态保护修复问题提供了一个有效的行动方案和政策框架，可以激发全社会共同呵护生态环境的内生动力。要继续积极构建政府、企业、社会和公众共同参与的生态保护体系，最大限度地发挥政府机制、市场机制和社会机制在生态保护中的协同治理效应，为解决区域、跨区域乃至跨国间的环境治理难题提供可供选择的行动方案[1]。

未来生态保护多元共治需依托技术赋能、制度保障与价值共识，整合政府统筹引领、企业主体责任落实、社会协同监督，以及公众深度参与，形成"政府掌舵、企业划桨、社会扬帆、全民参与"的生态治理新格局。作为权威治理主体，政府主要负责制定统一的环境保护法规与政策，实施全国范围的生态环境保护规划，推进全国性的环境保护基础设施建设等。作为市场主体，企业必须着力落实达标排放、节能减排、绿色生产与生态示范等任务，将环保责任融入生产全流程，配套生态环保资金，与科研机构共同研发清洁生产关键技术、推动污染治理设施智能化。社会组织与公众在环境治理中承担着协同、参与和监督的职责，应充分发挥社会组织和公众在环境科普宣传、环境保护监督、绿色消费、环境诉求表达等方面的积极作用[1]。通过制度衔接与利益协同，推动多元主体从"各自为战"转向"协同发力"，从而实现生态保护修复效能与民生福祉的双向提升。

---

[1] 詹国彬，陈健鹏．走向环境治理的多元共治模式：现实挑战与路径选择 [J]．政治学究，2020（2）：65-75，127．

第十四章　技术创新：
提高生态保护修复监管数智化水平

数智化技术蓬勃发展，为强化生态保护修复监管能力建设带来了前所未有的机遇，这不仅体现在技术层面，更在于其对监管模式和监管体系的深远影响。借助大数据、物联网、云计算、人工智能等技术，可以实现对生态环境更高效监测和更精准的评估，生态环境治理能力向协同式、整体性转变成为可能。

14.1　技术创新推动生态保护修复监管变革

14.1.1　数字化与智能化技术可以大幅降低生态保护修复监管成本

借助大数据、云计算、人工智能等信息技术，可以实现对生态环境的动态监测和实时预警。例如，智能巡护无人机等设备的应用，提高灾害预警、野生动植物保护等工作效率，降低了人力成本。数字化监管能够突破区域时空限制，高效汇交数据，推动生态环境保护治理模式从切块式、片段化向协同式、整体性转变。这种转变不仅提升了监管效率，还减少了因传统人工监管方式带来的资源浪费和执行标准单一的问题。例如，通过智能感知和智慧监测系统，可以实现对生态保护红线的动态监管，及时发现生态破坏行为。通过建立智慧监管平台，利用遥感监测、大数据与人工智能等技术，实现了生态环境监管的智能化和自动化。这种精准化监管方式避免了大范围、低效率的检查，减少了人力资本与行政资源的投入。

14.1.2　数字化与智能化技术可以大幅提高生态保护修复监管的时效性

通过集成各类传感器、监测设备和信息系统，数字化与智能化技术能够实现对生态环境的实时监控，便于监管部门及时掌握生态环境状况，快速响应生态环境变化。智能化监管系统运用大数据分析、机器学习等技术，对收集到的海量数据进行深入分析，识别生态环境问题的趋势和模式，分析结果可为监管部门提供科学的决策支持，有助于制定更加精准有效的监管策略和应对措施。智能化监管系统能够设置自动化预警机制，一旦监测到异常数据或潜在的生态环境风险，系统能够自动发出预警，并启动相应的应急响应程序。这种自动化的预警和响应机制大幅度提高了监管的时效性，减少了人为的失误和延迟。数字化与智能化技术减少了人为因素对监管效率的影响，提高了监管的准确性和公正性。数字化与智能化技术可以促进不同部门之间的信息共享和协作，这不仅提高了监管效率，还有助于形成统一的监管标准和政策。

14.1.3　数字化与智能化技术可以创新生态保护修复监管方式

数字化与智能化的应用使生态保护修复监管由结果导向型监管转向"数字＋监管"的过程和结果贯穿式的综合监管，由"人工、分散、单一"的监管机制，转向"智慧、协同、跨界"的监管机制。数字化与智能化技术为生态保护修复监管提供了新的工具和方法，通过引入物联网、大数据、云计算等先进技术，监管部门能够实现对生态环境数据的实时收集、存储和处理，从而推动监管模式从传统的人工巡查向自动化、智能化转变。通过精准的数据采集和分析，能够更准确地识别和定位生态环境问题。例如，通过卫星遥感和无人机监测技术，监管部门可以对大面积的森林、荒漠、草原、湿地等生态系统进行高效监测，及时发现生态破坏行为，提高监管的针对性和有效性。利用机器学习和人工智能技术，智能化监管系统能够对生态环境数据进行深入分析，预测潜在的生态环境风险和变化趋势。这种预见性使监管部门能够提前采取措施，预防生态环境问题发生，从而实现从被动应对到主动预防的监管方式创新。

14.1.4 数字化与智能化技术加速重构监管体系

借助数字化与智能化技术，通过加强整体设计，可以固化监管机制，便于构建全方位、多层次、立体化的监管体系。这种系统化的监管模式能够实现事前、事中、事后的全链条监管，提高监管的全面性和有效性。数字化与智能化使建设全国一体化在线监管平台成为可能，通过开发业务协同、资源共享的跨部门综合监管应用场景，完善监管事项清单管理、信息共享、监测预警等功能，建设跨部门综合监管业务支撑模块，实现跨部门、跨区域、跨层级的数据互通共享，支撑跨部门综合监管。

14.2 生态保护修复监管中的数智化

随着数智技术的不断发展和进步，数字化、网络化、智能化成为技术创新的鲜明特征。数字化是感知自然生态系统和人类经济社会的基本方式，为网络化和智能化奠定基础。网络化是联结自然生态系统和人类经济社会的基本方式，为信息传播和共享提供载体。智能化则是信息空间作用于自然生态系统和人类经济社会的方式，体现了信息应用的层次和水平。在生态保护修复监管中，数字化、网络化和智能化是技术创新的具体呈现形式，它们具有不同的特点和功能，并在实践应用中相互关联、相辅相成。

14.2.1 数字化、网络化和智能化

数字化是指利用数字技术对生态环境进行监测、管理和分析的过程。通过引入无人机、智能巡检平台、大数据中心等手段，可以实现对生态环境的精准监测和高效管理。此外，数字化技术还能够突破区域时空限制，高效汇聚数据，以推动生态环境保护治理模式的转变。例如，国家生态保护红线监管平台"一张图"通过集成生态保护

监管信息，实现了生态破坏问题的会商与决策支持。同时，数字化技术还能够打破部门间的信息壁垒，实现数据共享与协同治理。在以往的生态保护修复监管过程中，由于技术限制，不同部门数据无法及时共享，导致信息不对称，往往出现生态环境、自然资源、水利等多个部门各自为政，协同治理效果差。随着数字化技术的应用，诸多地方政府通过构建国土空间生态修复监管系统，实现了省、市、县三级联动、多部门协同治理，提升了生态保护修复监管能力。

网络化则强调通过互联网、物联网等技术手段，构建覆盖广泛的生态环境监测网络。这种网络化技术能够实现数据的互联互通和开放共享，从而提升生态环境监管的科学性和协同性。通过物联网和大数据分析，可以优化监测站点布局，扩大动态监控范围，构建生态环境承载力立体监控系统。此外，网络化技术还能够实现远程监控和无缝衔接，使生态环境监管走向系统化服务。

智能化是指在数字化和网络化的基础上，进一步利用人工智能、机器学习等技术，实现对生态环境的智能分析和决策支持。智能化技术还能够提供动态分析、预警功能，实现一体化在线监控和管理。智能化技术的应用进一步提升了生态保护修复监管的智慧化水平。例如，通过卫星遥感获取大范围生态系统的宏观数据，同时利用无人机对重点区域进行高分辨率影像采集，获取更为详细的生态信息。智能分析系统则对这些数据进行实时处理和分析，识别生态破坏行为、评估生态修复效果，并及时发出预警信息。这种智能化监测手段不仅提高了生态保护修复监管的效率和精准度，还实现了对生态系统的动态跟踪与科学管理。

14.2.2　生态保护修复监管中的新技术

生态保护修复监管的数字化、网络化、智能化涉及多种新技术的应用，这些技术大幅度提升了监测、评估和管理的精准度和效率，推动了生态保护修复监管能力现代化。

遥感技术：遥感技术以其宏观、动态、快速和可重复的特点，成为获取区域生态系统格局和过程关键参数的重要监测手段。通过卫星、无人机等平台获取的高分辨率遥感数据，可以实现对生态系统的全面监测，包括土地覆盖类型、植被长势、水质参数等关键指标的实时获取和分析。单一卫星遥感数据的空间和时间分辨率存在局限性，通过机器学习、混合像元分析等方法，可以生成高时空分辨率的时间序列遥感数据，弥补数据缺失，提高监测精度。此外，近年来发展的"即时遥感"技术突破了传统遥感在时效性和准确性上的"瓶颈"，可以实现快速、动态、全域的生态保护修复监测。我国现已建立了涵盖环保、气象、国土、海洋等多领域的遥感应用中心，形成了天地一体化的生态环境遥感监测体系，并广泛应用于生态本底调查、生态问题识别、生态修复工程监管与成效评估等多个环节。未来，遥感技术将会使监测网络更加立体化，通过卫星、无人机、塔基、巡航车船等多元化的监测手段，构建"空天地海"一体化的协同监测体系，实现对生态系统的全方位、实时监测。遥感技术将进一步与其他新兴技术深度融合，提升遥感监测的智能化水平。

人工智能（AI）与机器学习（ML）：当前，AI 已成为科技领域的核心技术，其发展正推动着众多行业的变革。AI 通过模拟人类智能的方式解决复杂问题，作为 AI 的重要分支，ML 通过算法使计算机系统能够从数据中自动学习并优化自身性能。近年来，随着数据量的激增和计算能力的提升，AI 和 ML 在图像识别、自然语言处理、预测分析等领域的应用取得了显著进展，已被广泛应用于生态保护修复监管中的多个关键环节。例如，利用 AI 模型能够自动分析生物多样性数据，提升监测和评估的准确性；通过 ML 算法，可以自动识别栖息地类型的变化，监测森林、湿地等生态系统的扩张或退化情况，并预测未来的变化趋势。AI 和 ML 通过整合声学记录、环境 DNA 和相机陷阱视频等数据，能够高效地识别和分类物种，尤其是在视觉观察受限的环境中。此外，AI 和 ML 还能够预测物种迁徙和繁殖的时机，以帮助管理者采取针对性的保护措施。未来，AI 和 ML 技术将进一步与生态保护修复监管相融合，将更高效地开展生态修复工程的成效评估，从而减少人工干预，参与智慧决策等。

物联网（IoT）技术：通过部署传感器网络，实现对生态环境的实时监测。例如，在湿地保护中，物联网技术可以用于监测水质、土壤、气象等多维度数据，为生态修复提供科学依据。IoT 技术结合气象站、地震监测站等设备，能够实时监测自然灾害和环境异常情况，并及时发出预警信息。例如，在生态修复中，物联网技术可以用于构建实时、高效、准确的监测体系，及时发现并防范生态灾害。IoT 技术与大数据、云计算等技术结合，构建智慧化的生态环境管理平台。例如，丽水市通过部署视频监控、物联感知设备，构建生物多样性监管"一张图"，实现了生态修复工作的智能化管理。

大数据与云计算：大数据与云计算技术能够整合多源异构的生态数据，形成统一的数据平台。例如，国土空间生态修复监管信息平台利用"一张图"数据体系，汇集生态修复相关数据，实现对生态修复项目的全流程监管和多角度评价。大数据与云计算技术能够实时监测生态环境变化，建立动态监测预警机制。例如，青海三江源国家公园基于移动云技术，通过云计算技术，实现了对我国生态监测数据中心、青海省重点区域环境监管系统、三江源自然保护区野外巡护系统等几十个信息平台的数据汇聚，在数字云端为青海三江源筑起了一道生态安全屏障。此外，通过遥感云数据处理平台，可以快速地处理海量遥感数据，支持生态参数产品的批量生产。大数据分析能够对海量环境数据进行挖掘和分析，为生态保护提供科学依据。大数据与云计算技术促进了政府部门之间的数据共享与协同办公。

三维实景与数字孪生技术：通过三维实景技术，可以构建高精度的三维场景，实现对生态修复工程的动态监测和实时评估。例如，在长江经济带的生态保护修复项目中，利用三维实景技术打造了三级监管平台，实现了 423 个项目的工程进度和绩效评估的动态监管，从而保障了资金的有效使用。数字孪生技术能够实现生态修复项目的全生命周期管理，包括设计评估、项目实施过程监管和实施效果监测等模块，通过多源数据融合，如遥感影像、全景照片、视频等提高生态修复项目的监管效率。数字孪生技术通过构建虚拟模型，可以进行多维度的环境分析和决策支持。实景三维技术结合 AI、增强现实（AR）、虚拟现实（VR）等技术，助力国土空间生态修复从二维平面监管向三维立体监管转型，提高了监测监管的效率和精准性。数字孪生系统能够结合历史遥感影像和资料，真实再现生态修复过程的历史回溯和动态模拟，并对未来进行预测。

自动化与机器人技术：自动化技术通过无人机、传感器、卫星图像和人工智能算法，实现了对空气质量、水质、土壤状况、气候变化等环境参数的实时监测和数据收集。这些数据可以上传至云平台，便于分析和决策。机器人技术在污染治理和生态修复中具有显著优势。例如，水下机器人用于清理水体中的垃圾和污染物；无人机搭载喷雾装置降低空气中的污染物浓度；土壤修复机器人则通过物理、化学或生物方法处理受污染的土壤；植树机器人和植被修复机器人能够高效地进行植被恢复工作，减少人工干预需求。机器人技术在生物多样性保护中提供了创新解决方案。例如，无人机和自主水下航行器（AUVs）能够访问偏远和挑战性地形，以减少对敏感栖息地的干扰；机器人授粉器在自然授粉动物减少的情况下，能够协助作物和野生植物的授粉，维持植物种群和遗传多样性。

区块链技术：区块链技术通过其去中心化、不可篡改和透明的特性，确保了生态环境监测数据的真实性和完整性。区块链技术能够打破"数据孤岛"，解决电子证据的信任问题，构建协同治理体系，实现数据的可信共享。例如，在排污权交易中，区块链技术通过防篡改、可溯源、透明公开等特征维护数据真实性并明确责任主体。区块链技术可以用于生态保护补偿项目的资金流向管理，确保资金能够透明、公正地被用于生物多样性保护和生态系统修复。智能合约还可以自动分配和追踪生态保护补偿资金，以促进资金的合理使用。区块链技术可以实现跨区域信息共享，弥补属地管理的不足，遏制地方保护主义对生态保护执法的干预。

智能视频分析与声光识别技术：智能视频分析技术能够实时监测空气质量、水质、噪声等环境指标，识别污染源、非法排放、森林火灾等异常事件，辅助监管部门快速响应。例如，通过高清摄像头和无人机采集的视频流，AI算法可以实时监控野生动植物的生存环境，识别保护动物并检测偷猎行为，从而有效预防非法捕猎和保护濒危物种。AI技术结合声学记录、环境DNA和相机陷阱视频，能够准确识别和分类物种，尤其在视觉观察受限的环境中表现突出。例如，AI算法可以识别鸟类的鸣叫声，分析其活动规律，并根据监测结果制定保护措施；AI图像识别技术还能够自动识别各类动植物，破解生态调查依赖专家判断的难题。声光识别技术也能够用于监测游客的异常行为和安全事件，及时发出警报。智能视频分析技术可以动态地监测生态空间建设及生物资源恢复情况，评估生态系统的变化趋势，并为生态修复提供科学依据。

14.3　生态保护修复监管的数智化进程

在全球气候变化、人口持续增长以及经济快速发展的多重背景下，生态环境正承受着前所未有的严峻挑战，其问题的复杂性也与日俱增。在此形势下，对于生态保护修复监管而言，无论是在实时性、全面性还是精准性方面，均被赋予了更高的要求。

数智化技术为生态保护修复监管带来了新的机遇和解决方案。在国外，生态保护修复监管数字化与智能化的研究和应用起步较早，取得了一系列显著成果。欧美等发达国家和地区在生态监测技术方面处于领先地位，广泛应用高分辨率遥感卫星、无人机、地面传感器网络等多源监测手段，实现了对生态系统的全方位、立体化监测。例如，美国利用 Landsat 系列卫星数据对土地覆盖变化、森林资源等进行长期监测；欧盟通过哥白尼计划，整合了多源地球观测数据，构建了全面生态环境监测体系。在数据处理与分析方面，国外学者和科研机构运用大数据分析、机器学习、深度学习等先进算法，对生态监测数据进行挖掘和分析，实现了生态系统状态评估、生态变化预测、生态修复效果评价等功能。例如，谷歌公司利用人工智能技术对卫星图像进行分析，监测全球森林覆盖变化情况；欧洲航天局开发的生态系统核算服务（EcoSA），运用大数据和建模技术，对生态系统服务价值进行评估和制图。

然而，国外的数智化也存在不足之处。一方面，不同监测系统和数据之间的兼容性和互操作性有待提高，数据共享和整合面临一定困难，导致数据的综合利用效率受到影响。另一方面，在生态保护修复监管的智能化决策支持方面，虽然取得了一定进展，但仍存在模型的普适性和准确性不够高、决策建议与实际应用结合不够紧密等问题，需要进一步深入研究和改进。

近年来，国内在生态保护修复监管数智化方面的研究发展迅速，取得了丰硕的成果。在技术应用方面，我国积极引进和吸收国外先进技术，结合国内实际情况进行创新和拓展。例如，利用高分系列卫星数据开展国土空间生态监测，通过 GIS 技术进行生态修复规划与设计、工程实施监管等。同时，国内科研机构和企业在大数据、人工智能等技术与生态保护修复监管的融合应用方面也进行了大量探索，并开发了一系列生态监测与评估系统、生态修复智能化决策支持平台等。

尽管国内在该领域取得了长足进步，但也存在一些需要解决的问题。一是生态监测网络的覆盖范围和监测精度还需进一步提高，部分偏远地区和生态脆弱区域的监测存在空白或不足。二是数据质量和标准化程度有待加强，不同部门、不同地区之间的数据存在格式不一致、标准不统一等问题，影响了数据的共享和整合利用。三是数字化与智能化技术在生态保护修复监管中的应用深度和广度还不够，一些关键技术和核心算法仍依赖进口，自主创新能力有待提升。

针对生态保护修复监管数智化进程中存在的问题，为进一步促进生态保护修复监管的数智化发展，建议在以下几个方面加强技术研发与政策保障。

一是技术研发与创新。鼓励科研机构和企业开展联合攻关，加强对区块链、量子计算、AR 和 AI 等新兴技术在生态保护修复监管领域的研究和应用探索，推动技术创新和产业创新，提高技术的可靠性和适用性。研发更高效的机器学习和深度学习算法，以处理海量的生态数据，而量子机器学习算法有望突破传统算法的算力"瓶颈"，大幅提升数据分析和处理的速度。加大技术集成研发，构建智能化的生态保护修复监管系统。例如，利用物联网技术实现对生态环境数据的实时采集，通过大数据技术进行数据存储和管理，借助人工智能算法进行数据分析和预测，再利用区块链技术确保数据的真实性和不可篡改性。

二是数据管理与安全。建立统一的数据标准和规范，加强数据质量控制，提高数据的准确性和完整性。采用云计算、容器化等技术构建高效的数据共享平台，实现数据的弹性扩展和灵活部署。利用数据虚拟化技术，打破数据在不同系统和部门之间的物理隔离，使用户能够通过统一的接口访问和共享多源异构数据。同时，加强数据隐私保护，制定严格的数据隐私保护政策和法规，采用先进的数据加密技术，确保数据的安全使用。

三是政策支持与协同。研究制定专项法律制度，明确数智化发展的目标、任务和要求，为数智化发展提供法律依据和保障。建立政策监督和评估机制，对生态保护监管数智化政策的执行情况进行监督和检查，确保政策的有效落实，定期对政策的实施效果进行评估和反馈，及时调整和完善政策内容。建立跨部门协调机制，负责统筹协调各部门之间的数智化工作，打破部门壁垒，实现数据共享和业务协同。设立专项基金，专门用于支持数智化项目的研发、建设和运营。

14.4　生态保护修复数智化监管平台构想

生态保护修复监管涉及社会—生态系统的多要素、多过程、多参数，具有系统性、动态性、科学性和协同性等特点。数智化技术可以助力提升监管能力。本书提出生态保护修复数智化监管平台初步构想（图 14-1），主要包括感知层、传输层、智能分析层和应用层，各层相互协作，共同实现对生态保护修复的智能化监管，同时，运用多种核心技术，确保系统的高效运行和功能实现。

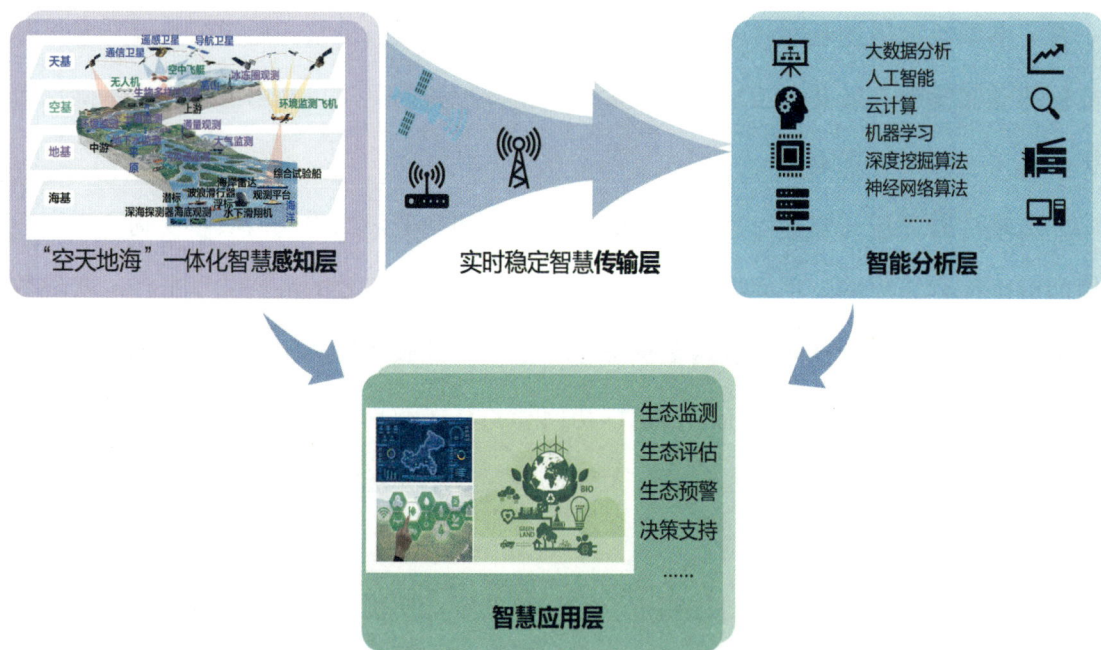

图 14-1　生态保护修复监管数智化平台构想

感知层是智能化监管系统的基础，负责采集各类生态环境数据。该层通过多种传感器和监测设备实现"空天地海"一体化数据采集，如卫星遥感传感器能够获取大面积的生态空间信息，包括土地利用类型、植被覆盖度、水体分布等；无人机搭载的高清摄像头和多光谱传感器，可对重点区域进行详细的生态监测，获取高分辨率的图像和光谱数据；地面监测站点配备的气象传感器、水质传感器、土壤传感器等，实时采集气象、水质、土壤等环境数据。这些传感器和监测设备分布在不同的生态环境区域，形成了全方位的生态感知网络，确保能够及时、准确地获取生态环境的各类数据。

传输层负责将感知层采集的数据传输到智能分析层和应用层。该层采用多种数据传输技术，如6G无线网络、光纤通信、卫星通信等，以满足不同场景下的数据传输需求。对于实时性要求较高的监测数据，如水质突发污染事件的监测数据，采用6G无线网络进行快速传输，确保监管人员能够及时获取信息并做出响应；对于大量的历史数据和高清图像数据，通过光纤通信进行稳定、高速的传输，保证数据的完整性和准确性。传输层还具备数据加密和安全传输功能，保障生态数据在传输过程中的安全性和可靠性。

智能分析层是智能化监管系统的核心，运用大数据分析、人工智能等技术对采集的数据进行深度挖掘和分析。在大数据分析方面，利用分布式计算框架（如Hadoop、Spark）对海量的生态数据进行存储和处理，运用数据挖掘算法（如关联分析、聚类分析、预测分析等）挖掘数据背后的规律和趋势。通过关联分析，研究水质变化与周边污染源、土地利用类型之间的关系，为水生态提供科学依据；建立生态系统变化预测预警模型，提前预判可能发生的生态问题，为监管决策提供预警信息。在人工智能方面，运用机器学习算法（如决策树、神经网络、支持向量机等）对生态数据进行学习和分类，实现生态系统状态的自动评估和异常情况的智能识别。利用神经网络算法对卫星遥感图像进行分析，自动识别森林火灾、病虫害等生态灾害，提高监测的效率和准确性。

应用层是智能化监管系统与用户交互的界面，面向生态保护修复监管的各类业务需求，提供丰富的应用功能。该层包括生态监测、生态评估、生态预警、决策支持等功能模块。生态监测模块实现对生态环境的实时监测和数据展示，监管人员可以通过该模块查看各类生态指标的实时数据和历史变化趋势；生态评估模块利用智能分析层的分析结果，对生态系统的健康状况、生态服务功能等进行综合评估，为生态保护修复提供科学依据；生态预警模块根据预设的预警指标和阈值，对可能出现的生态风险进行预警，并及时通知监管人员采取相应的措施；决策支持模块基于大数据分析和人工智能技术，为生态保护修复决策提供辅助支持，如制订生态保护修复方案、评估方案实施效果等。